JN094738

［編］
国際環境NGO FoE Japan

気候変動から世界をまもる30の方法

合同出版

読者のみなさまへ

この本の刊行準備を始めたのが2020年2月。その頃は、アマゾンやインドネシア、オーストラリアでの森林火災、フランスやパキスタンでの記録的な熱波、日本でも連続して上陸した巨大台風など、2019年に世界各地で起きた気候変動による災害を念頭におきながら、本書の構成を考えていました。

それから約9カ月。この間、新型コロナウイルスの猛威とともに、気候変動による被害もさらに発生しました。アメリカのカリフォルニア州では8月から森林火災が発生し、10月末の時点で160万ヘクタールが焼失、31人が犠牲となりました。北極圏を含むロシアのシベリアでは6月に38℃と北極圏での史上最高気温を記録しました。同じ6月、インド北西部でも59・8℃と記録を更新し、ホームレスやタクシーの運転手らが暑さに悲鳴を上げました。7月、バングラデシュでは国土の3分の1を覆うほどの大洪水が発生し、日本でも熊本を中心に、

豪雨により大きな被害が発生しました。

　産業革命以降、すでに世界の平均気温は1℃上昇しています。わずか1℃の上昇でも人びとの命が奪われ、生活手段や自然が失われているのです。

　気候変動の影響による被害が日常化するとともに、年々脅威を増すこのような状況は、もはや「気候危機」と捉えなければなりません。

　一方、気候変動は、少数の裕福な国の人びとや企業が化石燃料などを大量に燃焼し、持続可能でない経済発展を押し進めてきたことが原因です。その被害は農業や漁業など天候や自然災害に影響を受けやすい生計手段に頼って生活する人が多い途上国で起きています。自然破壊による被害も途上国に集中しています。

　つまり、気候変動は単なる環境問題ではなく、人権、貧困、格差、性による不平等などの社会問題と密接につながっているということです。こうした不平等や不正義をなくしていこうというのが「気候正義(Climate Justice)」という考え方です。

　この本では、このような不正義に立ち向かう動きにも焦点を当てま

した。住むところや職業を奪われる先住民族や女性たちは命がけで気候正義を訴えました。また、2018年8月からスウェーデン国会前でたった一人で座り込みを始めたグレタ・トゥーンベリさんの行動は、多くの若者を勇気づけ、世界中に広がる「フライデーズ・フォー・フューチャー」と呼ばれるムーブメントに発展しつつあります（項目⓮）。自治体や市民主導の、気候危機を防ぐためのさまざまな取り組みもすでに始まっています。

気候変動は、子ども／大人、日本／海外、専門家／市民などの垣根を超えて、だれもが解決のための主役となることができる問題です。この本では、「世界中が気候変動の影響を受けている」「科学が警告する地球環境の激変」「世界に求められている気候正義」「政策が変わらないと気候変動は止まらない」「地球のための行動は草の根から始まる」の5つのテーマを30の観点で、最先端で活動している国際NGOや研究者や専門家のみなさんに解説していただきました。関心のあるテーマからどこからでも読み進めてください。

この本を手にとったみなさんとともに、気候危機を回避するために今のくらしの中でどのようなことができるのか、考え実践していけたらと思います。そして、みなさんが将来、気候危機を防ぐための担い手になるきっかけとなれば幸いです。

２０２１年１月

国際環境ＮＧＯ　ＦｏＥ Ｊａｐａｎ

●もくじ——気候変動から世界をまもる30の方法

3 世界に求められている気候正義

4 政策が変わらないと気候変動はとまらない

5 地球のための行動は草の根から始まる

1

世界中が気候変動の影響を受けている

1

台風に襲われるフィリピンの村

●「腐ったお米を食べるしかなかった」

2013年11月、超大型台風「ハイヤン」がフィリピンを襲いました。トラック諸島（現・チューク諸島）近海で発生し、フィリピン中部を横断しましたが、「死者・行方不明者の数は8000人を超え、フィリピンにおける災害史上最大級」と記録されています。フィリピン・レイテ島の漁村は被害がもっとも大きかった地域の一つです。

レイテ島で漁師の夫と4人の子どもと暮らしていたローズマリーさんは、当時のことをこう語ります。

「高潮が迫って来たとき、とにかく山に向かって走りました。高いところに逃げるためです。でも、たどり着きませんでした。胸の高さまで水が来て、もうだめだと死を覚悟しました。これまでの家は川の近くにありましたが、この台風で壊れてしまいました。台風被害を受けてからは、道端に仮設住宅のようなものを自分たちで建てて暮らしています」

「ハイヤン」から2年が経った15年12月、私たちＦｏＥ Ｊａｐａｎは、レイテ島タクロバン

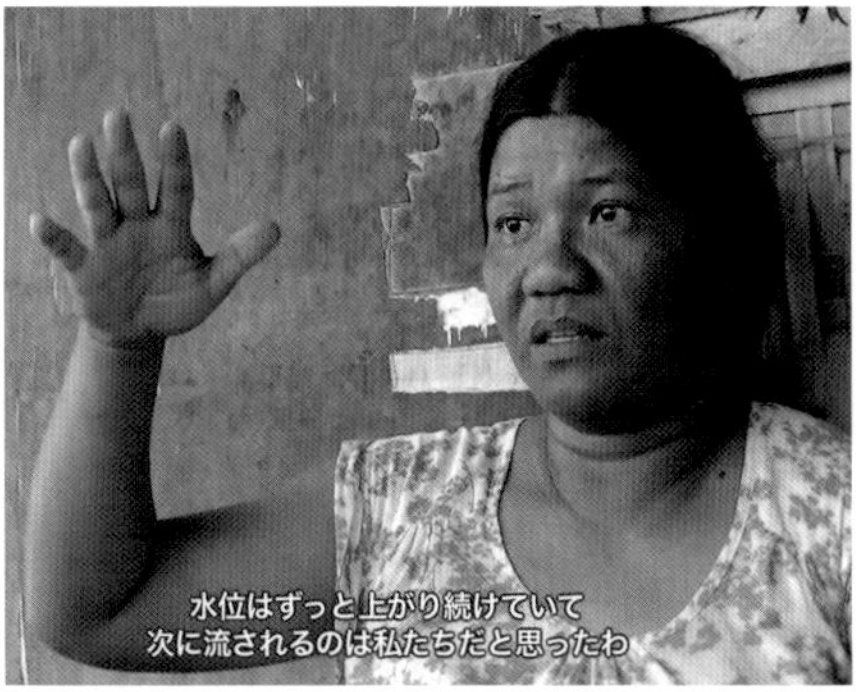
水位はずっと上がり続けていて
次に流されるのは私たちだと思ったわ

ローズマリーさん

■図① 「ハイヤン」(2013年 台風30号)の衛星画像

(出典:国立情報学研究所「デジタル台風」)

市付近で、被害状況や回復状況の聞き取り調査を行いました。台風ハイヤンの中心気圧は905hPa。15mの高波が沿岸部の村や家を襲い、田畑、道路、公共施設、漁船などの社会インフラが壊滅し、生活・産業に深刻な被害が生じていました。レイテ島の中でも、私たちが訪れたタクロバン市付近の被害がもっとも大きかったといわれています。

ローズマリーさんは、さらにこう話します。

「台風被害の直後は食べるものもなくて、犬でも食べないような腐ったお米を食べました。暮らし向きをよくするために新しいことをしたくても、お金がありません。台風が来る前までは小さなお店で商売をしていましたが、被災してからはお金がなくて商売を続けられませんでした。自分が子どもの頃には自然災害でこんな被害を受けたことはありませんでした。気候変動の脅威を感じます」

●進まない台風被害からの復旧

ここ数年、日本でも台風や豪雨による被害が頻繁に発生し、数年たっても被災前の姿に戻らないという、災害復旧の長期化という事態が目立ってきています。フィリピンの都市部・農村では、沿岸部や川沿いに土地を所有しない貧しい人びとが集まる傾向があり、沿岸部や川沿いで高波、河川の氾濫などの被害に見舞われやすいのです。加えて、先進国と比較して、農村部の住居や、防災インフラが脆弱なため、被災前の状態に回復するまでには長い時間がかかります。

たとえば、ココヤシ（果実はココナッツ）栽培はレイテ島の重要な産業の一つですが、現地団体「東ビサヤ地域農村補助プログラム（EVRAP）」の調査によると、台風ハイヤンの影響を受けた地域のココヤシの約90％が被害を受けていました。私たちが訪れた村では、2年が経ってもココヤシ畑の生産力は戻らず、場所によっては収穫ゼロの状況でした。農家の生計に深刻な影響をもたらしています。

フィリピン全体で１００万戸以上の住宅が損害を受け、政府は公営住宅の建設を進めています。人口約22万人（２０１０年時点）のタクロバン市での建設計画は１万３０００戸とされていましたが、１年10カ月経った時点で、３００戸ほどの建設しか終了していませんでした。台風から2年たっても、半壊した住宅を緊急支援物資のブルーシートで補修して居住している人たちもいます。

ブルーシートの壁で覆われた家と住人

こうした公営住宅の建設の遅れに対して、現場では、政府が本腰を入れていない、公営住宅建設に予算がきちんと回されていないのではないかといった声が上がっています。

●フィリピンは気候変動に対してもっとも脆弱な国の一つ

気候変動によって海水温度が上昇すると、台風の勢力が増強すると言われています。南太平洋地域では、1970年からの50年で約1℃の平均気温上昇が報告されています。海水温も上昇を続けており、台風の影響甚大化の要因になっています。

私たちがインタビューした人びとも、「一つの大きな台風で損害を被ってから、再建の間もなく、また新たな台風がやってくる。その繰り返し。早く元の生活に戻りたいのに、まったく回復が追いつかない」と災害が重層化していく状況を語っています。

そもそも途上国は、社会インフラ、福祉制度が整備されていないため、一度災害に見舞われると貧困が拡大し、教育体制が崩壊してしまうという事態に陥ります。災害対策が不十分であることに加えて、深刻になる気候変動の中長期的な影響を食い止めるための資金も技術も足りません。

2020年現在、フィリピンの労働者の約20％が農業に従事しており、農業生産はGDPの約10％に当たります。農業や漁業など自然に依拠する一次産業の従事者が多ければ多いほど、気候変動によって激甚化する災害の影響を受けやすくなります。

温室効果ガスによる気候変動の影響を受けるのは、ほとんどの場合途上国です。フィリピンでは1人当たりの温室効果ガス排出量は日本の7分の1（2018年）と少ないにも関わらず、気候変動の大きな影響を受けています。

●必要とされている支援

私たちの目の前に迫っている気候危機（クライメート・クライシス）に備えて、防災対策などの「適応」策を講じることも重要ですが、すでに生じている被害や損失に対する支援が不可欠です。被害を受けた人びとの直接の声を聞き、まずは切実な問題を解決するための具体的な

深草亜悠美（ふかくさ・あゆみ）
FoE Japanスタッフ。福島第一原発事故に衝撃を受け、2012年からFoE Japanでインターン。大学院卒業後、2016年よりスタッフとして気候変動・エネルギー問題、開発金融の課題に取り組む。

支援方法を組み立てる必要があります。

私たちが調査に入ったタクロバン市では、27キロにも及ぶ巨大な堤防建設計画が進行していました。フィリピン政府が高潮対策のために沿岸に設置計画をしたものですが、周辺の被災住民の立ち退きが不可欠です。「被災住民は依然として生活再建に苦しんでいる。巨大堤防建設の前に、生計手段回復のための支援を優先すべきだ」と政府の災害対策に異を唱える住民やNGOなどがいます。

気候変動が途上国の貧困層に与える影響は計りしれませんが、一方で、復興を掲げた事業や災害対策が人びとの生活を破壊してしまう危険性もあります。現在の地球規模の気候変動による影響が、温室効果ガスをほとんど出すことなく暮らしてきた地域に集中して被害を与えているという点が重要です。このことから、国際的な連携の中で問題を解決していくという視点が重要になります。

温室効果ガスをほとんど出すことなく暮らしてきた人びとほど、気候変動の影響を受けているという「気候の不正義」を認識し、「気候正義」を求めていく必要があります。

やってみよう！

・ローズマリーさんたちのインタビュー動画を見てみましょう。

・フィリピンの被害と日本の被害との違いや共通点、気づいたことを話し合ってみましょう。

2

コアラが焼け死んでいる森林火災

●史上もっとも暑くて乾燥した夏に起きたこと

2019年、オーストラリアは観測史上もっとも暑くて乾燥した年になりました。オーストラリアの冬が終わる9月、クイーンズランドで発生した森林火災は、普通なら火事が広がらないはずの多湿の熱帯雨林に燃え広がり、東海岸に沿って、ニューサウスウェールズ州やヴィクトリア州にも広がりました。オーストラリアで3番目に大きな島であるカンガルー島の森林も、ほとんどが火災によって消滅してしまいました。

地域によっては、深刻な森林火災が2020年3月初め頃まで続きました。近年、オーストラリアの夏は、ブラック・サマー（黒い夏）とも呼ばれています。

1800万ヘクタールもの広範囲（シリア国1つ分よりも大きい面積）に及ぶ火災の影響は甚大です。森林火災の期間、シドニーやメルボルンなどの主要都市は、数週間にわたり分厚い煙に覆われ、深刻な大気汚染にさらされました。11月には、シドニー周辺で火災警報が発令され、20年1月には首都・キャンベラで「非常事態宣言」が発出されました。全焼した5900

燃え上がるオーストラリアの森

棟以上の建物のうち2800棟が一般家屋で、少なくとも34人が死亡したとされています。また、10億頭以上の動物が犠牲になったと推定され、いくつかのエリアでコアラが絶滅寸前レベルまで激減しています。

経済的な影響も深刻です。鎮火作業に必要な機材費、人件費なども直接の被害額に加算されますが、全土で観光業が打撃を受け、地域財政の収支にも影響が出ています。さらに、数万人が避難生活を余儀なくされ、数週間も帰宅できない状況も生まれました。

●危険な消火活動

2019年の年間平均気温は、平年に比べ1・52℃も高くなり、1年間の「火災危険度の高い日」の日数も増加しています。普通なら燃えないはずの湿潤地域でも発火、類焼し、より強力で長期間の「森林火災シーズン」が発生しているのです。

ヴィクトリア州の熱帯雨林の3分の1が、19年の火災によって消失しましたが、この熱帯雨林は、数百万年前に形成されたゴンドワナ時代の原生林でした。

オーストラリアのいくつかの地域では、火災の原因になり得る「乾いた雷の嵐」がより頻繁に観察されています。火災の熱によって生じる「火災積雲」と呼ばれる雲もたくさん見られ、その雲が雷を発生させ、落雷がさらなる火災の原因にもなっています。火災の規模は非常に広大で、消火活動に大きな危険を伴います。

私は、気候変動対策や再生可能エネルギー推進、原生林保全などのキャンペーンを通じて「FoEオーストラリア」と関わってきましたが、ボランティアの消防士でもあります。オーストラリアでは大規模な森林火災が季節的に発生するので、おもに私有地の消火活動に協力するボランティア消防団と、公有地の消火に当たる専従の消防団を各州が組織しています。ボランティアの消防団も必要に応じて公有地の消防活動に参加することもあります。

●発令された「コードレッド」

2019年は、11月に「コードレッド」が発令されました。「コードレッド」とは、非常に危険な、稀に見るレベルの火災のことで、熱帯雨林の湿度が高い夏の時期にコードレッドが発令されるのはこれまでなかった珍しい現象です。

コードレッドが発令された日、私は大きな火災が発生したときに消火活動に当たる「ストライクチーム」のメンバーに任命されました。マウント・グラスゴーでの消火活動に当たるよう連絡がきたのは午前中でした。すでに気温が40℃を超え、強風が吹いていました。車で現場に移動しているとき、空の色がすべて溶け落ちて、まるでオーブンの中の幻想の世界に入っていくように感じました。全域の消防団が集められ、50台以上の消防車が消火作業に当たりました。

燃え残りがないか森を見回る様子

到着すると、まっ先に火が燃え移る寸前の住宅に放水し、そのあと丘の消火に向かいましたが、これがひと苦労でした。ぬかるみが続く丘の上まで重いホースを運び上げ、燃え広がり焼きつくす炎に向かわなければなりませんでした。

消防車は、消防士を守れるように設計されていますが、炎の勢いで消防車から距離をおかなければならない、とても危険な状態になりました。幸いにもヘリコプターが上空から放水することで鎮火し、ことなきをえました。燃え残りや、見逃しがないか森中を歩き回ることも大変な作業でした。もっとも恐れていたのは風向きが変化し、火災が街へと向かうことでしたが、幸いにも、風向きが変わる前に鎮火させることができました。

●火災を終わらせることができたのは豪雨だけ

火災は夏の間続き、出動要請は30回以上もありました。19年の大晦日には、ビクトリア州を雷雨が通り過ぎ、数十件もの落雷による火災が発生しました。

20年1月の初め、山あいの小さな村での消火活動に携わったときのことでした。中規模の火災でしたが、風向きが変わったことによって、まるで怪物のように巨大な火災に変身し、危険すぎるため消火活動ができず、村から撤退するしかありませんでした。この火災で山林のほとんどが焼失しました。元の姿に戻るにはこれから何十年もかかるでしょう。被害の甚大さを思うと、胸が苦しくなります。私たちが所属するボランティアの消防団は、ほかの州での消火活動の応援にも行きましたが、多くの場合、火災の規模が大きすぎるために消し止めることができず、火災が広がらないようにするくらいのことしかできませんでした。

火災シーズンを終わらせることができたのは豪雨だけです。3月末まで続くかもしれないと思われていた火災シーズンでしたが、幸いにも2月中旬には恵みの雨が降り出し、収束の兆しが見えてきました。3月初めにはすべての火災が収まりました。

オーストラリアでは、気候変動が森林火災の悪化として出現しています。自分が消防団でのボランティアに費やす時間は年々増えていることを実感しています。

私たちの未来には、火を食い止める以外の選択肢はないのでしょうか。

カム・ウォーカー
FoEオーストラリアのキャンペーンコーディネーター。ヴィクトリア州中央部キャッスルメイン在住。ボランティア消防士。

やってみよう！

・大規模な森林火災は世界中で発生しています。どこの国で発生しているか調べてみましょう。
・火災の原因や影響について調べてみましょう。

3

ヒマラヤの氷河が溶け出している

●世界一高い山を有するネパール

　ユーラシア大陸内陸に位置するネパールは、面積こそ北海道2つ分にも満たない小さな国ですが、自然の多様性に満ちた国です。世界で一番標高が高い山として知られるヒマラヤ山脈の最高峰エベレストは8848mある一方で、標高59mのテライ平原と呼ばれる亜熱帯地帯も存在します。

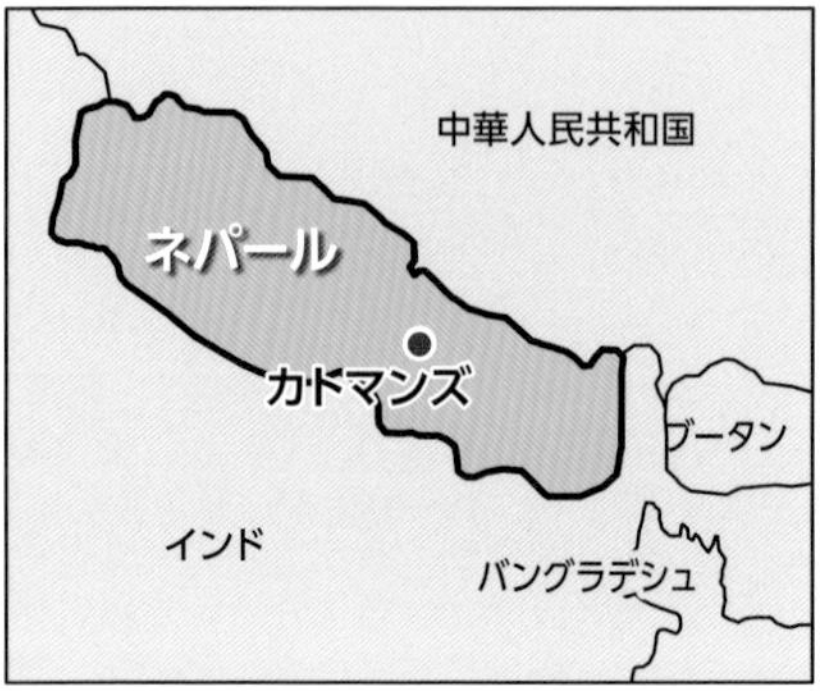

　ネパールは、気候変動や洪水のリスクが高い国とされています。同時に、地震国でもあるのです。最近では2015年にマグニチュード7.8のネパール地震があり、8900人以上の死傷者が出ました。19年7月には、モンスーン（北東季節風）によって大規模な洪水と地滑りが発生し、ネパール、インド、バングラデシュ合わせて700万人近くが影響を受けました（☆1）。

　ネパールと中国の国境付近に位置するヒマラヤ山脈では、降雨が集中することで、氷河や氷河湖が溶け出し、地滑りが発生する危険が増加したり、ダムに大量の水が流れ込んで、下流域の村々が洪水の危機にさらされることがわかっています（☆2）。ネパールの温室

ヒマラヤのAX010氷河。左が1978年、右が2018年撮影。温暖化によりこの30年で急速に氷河が溶け出しているのがわかる。
（写真提供：名古屋大学環境学研究科雪氷圏変動研究室）

効果ガスの排出量はごくわずかですが、その地理的な条件によって人命、家屋、農業、生物多様性などへの甚大な影響を受けています。

●ヒマラヤと気候変動

ネパールでは近年、年0・06℃ほど平均気温が上がっています。しかし、ヒマラヤの地域だけで見ると、年0・12℃の平均気温の上昇がみられます。この気温上昇によって、ヒマラヤ山脈の氷河がこれまで以上のスピードで溶け出して縮小し、「氷河湖」ができています。

ネパールの人口は約2800万人ですが、その約8割は地方で暮らし、人口の7割が農業で暮らしを立てているため、自然環境の激変による影響は計りしれません。

ヒマラヤの山々がもたらす水は、自然生態系を育み、人間社会では飲料水、農業用水、産業用水として欠かせないものです。アフガニスタン、バングラデシュ、ブータン、中国、インド、ミャンマー、ネパール、パキスタンの8カ国にまたがるヒンドゥークシュ・ヒマラヤ地域は氷河、雪、湖などの形で地球上の淡水の約半分を蓄えていると推定され、温暖化が進めば、今世紀末までに3分の1の氷河が融解し、南アジアに暮らす20億人の人びとが深刻な危機に見舞われると予測されています（☆3）。

氷河が溶けると、溶けた水が氷河湖を形成します。多量の雪解け水が流入したり、地震などによって湖が決壊する現象は、「氷河湖決壊洪水」、氷河湖バーストと呼ばれ、大規模な洪水が麓の村々を襲い、そのたびに道路や橋、ダムの決壊、人命まで奪っていきます。ダウラギリ地域のリカサンバ氷河は、年間10mという異常なスピードで後退しており、このまま温暖化が進行すれば、２０６０年までに消滅すると予測されています。普通、氷河は年間ミリ単位で変化するとされていますから、氷河が溶けているスピードが異常に速いことがわかると思います。国連環境計画は、40以上のヒマラヤの氷河湖が決壊の危機に瀕していると警告しています。

●生態系への影響

ネパールは生物多様性の宝庫でもあります。ユネスコ自然遺産に登録されたチトワン国立公園、サガルマータ国立公園以外にも、「生物多様性ホット・スポット」（固有種の存在など豊かな生物多様性を有し、かつ絶滅などの危機に瀕しているエリア）に指定されているエリアがいくつもあります。

気候変動の影響が深刻化すれば、固有の生物種の生息地が破壊され、生物多様性が失われます。生物多様性が失われると、農業や林業、採集・狩猟などによって暮らしている人びとの生活を衰弱させてしまいます。とくにネパールでは、ヒマラヤ観光で生計を立てているシェルパ族の経済的・文化的な打撃は計りしれません。

●影響は南アジア全域に

ネパールでは、氷河湖決壊洪水に備えるための治水工事が国際援助機関の支援などによって行われてきました。しかし最貧国の一つであるネパールが、今後の災害の発生を予測したり、災害への適切な備えをするには、さらなる調査や技術・資金が必要です。しかし自国ですべてをまかなうことは到底できません。

一方で、ネパールでも温室効果ガスを削減する取り組みが始まっています。「代替エネルギー促進センター（Alternative Energy Promotion Center）」は、国際的なＮＧＯや国内のＮＧＯ、企業と協同して、太陽光やソーラークッカーなど再生可能エネルギーの普及に努めています。こうした技術が地方では徐々に普及しつつありますが、首都カトマンズなどでは、運輸部門で化石燃料の使用が増加し、大気汚染が深刻になっています。最近ではネパールの最高裁判所がネパール政府に対し、気候変動に関する法律も整備するよう勧告しています。

ヒマラヤ山脈の氷河の融解は、バングラデシュのデルタ地帯や南アジアの川岸に住む何百万の人びとの命をも危険にさらしています。ネパールやバングラデシュなど、貧しい地域でこれまで積み上げられてきた努力も、地球規模の気候危機（クライメート・クライシス）には無力です。将来さらに大きくなると予想される気候変動の影響に備えるため、災害に関する知識の蓄積や、災害への備え・訓練、災害に対応できる人材の育成が必要です。そのためには先進国からの支援が不可欠です。

☆1 https://earthobservatory.nasa.gov/images/145335/monsoon-rains-flood-south-asia

☆2 https://www.nasa.gov/feature/goddard/2020/climate-change-could-trigger-more-landslides-in-high-mountain-asia/

☆3 https://www.nationalgeographic.com/science/2019/12/water-towers-high-mountains-are-in-trouble-perpetual/

プラカシュ・マニ・シャーマ
ネパールの環境団体Pro Public（FoEネパール）代表。弁護士。環境正義、人権や社会正義をめざすアクティビスト。デリー大学（比較法学）、ルイス・アンド・クラークカレッジ（環境・資源法学）で法学修士取得。

やってみよう！

・世界の氷河の状況を調べてみましょう。
・氷河が溶けるとどんな状況が起こるか調べてみましょう。

4

モザンビークを襲う巨大サイクロン

●ベンガの人びとを襲った気候変動の2つの悲劇

モザンビークはアフリカ大陸の南の方にあり、インド洋に面しています。海を隔ててマダガスカルという島国があります。

このモザンビークは、気候変動の影響がもっとも大きいと予想されるトップ5の国です。これはモザンビークの地理的特徴によるもので、南部は干ばつの影響を受けやすく、インド洋沿岸地域はサイクロンに見舞われます。インド洋へ流れ込む川沿い地域では、しばしば洪水が発生します。

世界の最貧困国の一つであるモザンビークは、人間開発指数（所得、教育、保健に関する国の開発度合いを計る指数）が、189カ国中180位。人口の3分の1が電気の恩恵を受けていません。温室効果ガスをほとんど排出していないにも関わらず、気候変動によって環境、健康や生活、そして生命まで脅かされています。

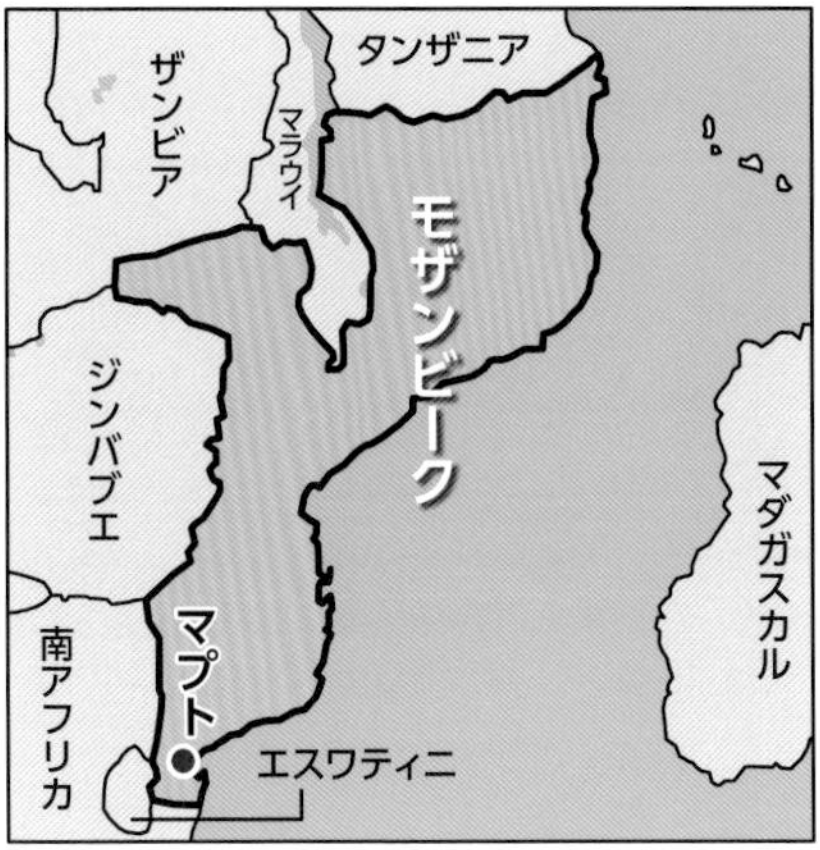

●石炭採掘によって起こったさまざまな被害

テテ州を流れるホゥヴブエ川沿いにベンガという地域があります。

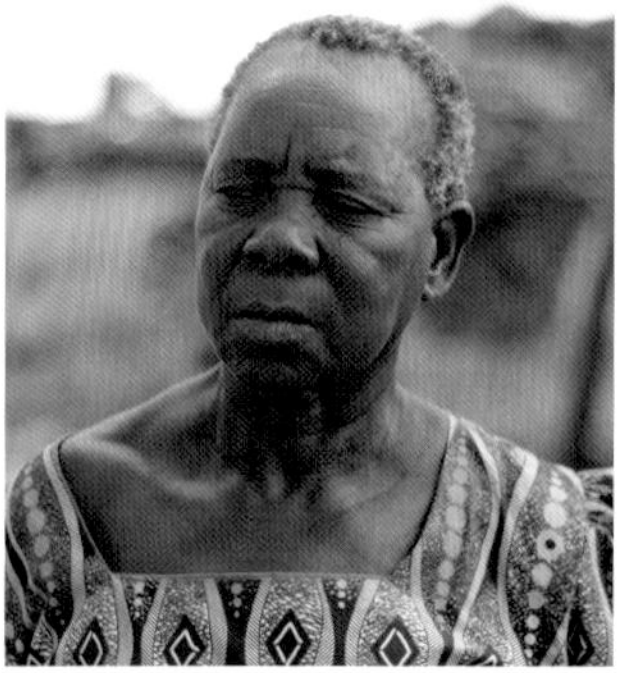

ベンガのリーダー、ノリア

ベンガの炭鉱と発破作業

ホゥヴブエ川は大河ザンベジ川に流れ込みますが、流域はたびたび氾濫し畑が水没したり、干ばつにも苦しめられてきました。ベンガに住む人びとは、川が氾濫する時期は内陸部に避難したり、氾濫する農地では土地改良を進め、気候変動に対応する努力を重ねてきました。

ところが10年前の２０１０年頃、ベンガの周辺で石炭が発見され、ベンガ周辺の土地が炭鉱資本や投資家たちによって買い占められるという事態が起こりました。露天掘りで石炭が採掘されるため、毎日大規模な爆破作業が繰り返され、そのたびに石炭粉塵が降り注ぎます。炭塵が水や農作物を汚染し、肺に入り込みます。のどかだったベンガのコミュニティが、ダイナマイトの爆発音に怯え、石炭を運ぶトラックが土埃を撒き散らす環境に変貌したのです。

各村のリーダーたちは、炭鉱によって裕福になれると思い込まされ、炭鉱開発を受け入れるように買収されたり、村を離れるように強要されていました。多くの村が、炭鉱から１km以内の場所に立ち退きを強いられました。

しかし、ノリア・マカホという女性リーダーは、だまされず、買収されず、立ち退きの強要にも応じませんでした。ノリアは村びとの幸福を一番に考え、炭鉱会社の買収や圧力、脅迫にも屈せず、立ち退きを受け入れませんでした。

●史上最大規模のサイクロン

２０１９年の年始、モザンビークは過去30年で最大の被害をもたらしたといわれる２つのサイクロンで、６００名の死者が出ました。

ベンガ地域もサイクロン「イダイ」による深刻な被害を受け、上流で貯水池が氾濫し、史上最大規模の洪水を経験しました。これまでは、洪水のたびに内陸部に避難していましたが、炭鉱によって土地が買い占められたことで逃げ場所を失い、洪水から逃れることができませんでした。洪水は人びとの命を奪うだけでなく、畑や農作物を破壊し、肥えた表土を根こそぎ奪い去ってしまいます。水が引いた畑には、肥沃な土は残っていません。

ベンガに暮らす人びとは、気候変動によって洪水を繰り返す川と、炭鉱開発による環境破壊の板挟みになりました。炭鉱資本に土地が買い占められ、新しく畑を始めるという選択肢も奪われてしまいました。この炭鉱から掘り出される石炭こそ、気候変動の原因となり、気候変動の影響を悪化させているのです。

２０１９年はベンガの人びとにとって飢餓と苦しみの年になりましたが、その実情を知った世界中の個人や団体から支援がよせられました。私が属しているJustiça Ambiental も支援の輪に加わりました。ベンガの人びとは再び立ち上がり、復興に向けて動き始めました。ノリア・マカホを先頭に闘ってきた村は、農業を再開するための活動に精力的に取り組みました。

その矢先、ノリアに悲劇が襲いかかります。洪水から半年経った9月26日の朝、ベンガを横断する道路の脇に立っていたノリアは、炭鉱のトラックによって轢き殺され、トラックの運転手はそのまま現場から走り去ってしまいました。コミュニティは大きな悲しみに包まれました。事件の究明はその後、うやむやになってしまいました。

ダニエル・リビエイロ
モザンビーク・マプト出身。10代のころから環境問題に取り組み、南アフリカ共和国ケープタウン大学修士課程で生態学を学ぶ。

●日本も深く関わっている土地収奪のプロジェクト

モザンビークの国民には、安全で十分な水や食料、衛生的な住環境、医療体制、教育体制、エネルギー供給、通信手段の整備など、生活基盤の整備が行われ、安全で尊厳ある生活が保障されなければなりません。貧困から抜け出す社会構造を作り出す必要があります。

私たちは、持続可能な成長の道を求めています。モザンビークは十分な日照と風に恵まれ、クリーンで再生可能、社会的に公正なエネルギーシステムを作り上げることができる条件がそろっています。その一方で、政治家やエリート層は多国籍企業と手を組み、国民の資源を収奪してきました。

日本も深く関わっている「プロサバンナ事業」（2020年8月に中止決定）は、アフリカ最大の土地収奪のプロジェクトとして知られていました。日本の三井物産も参入しているカーボ・デルガード地区の巨大ガス田開発も始動しています。モザンビークは化石燃料業界の新たな前線と化しています。

私たちは気候変動を通して、世界がさまざまな形でつながっていることに気づかされます。ベンガで起きた出来事は現在、世界各地のさまざまなコミュニティで起きています。一部の人だけが満足する社会を変革し、不正義に対する世界的運動が今必要とされています。

やってみよう！

・石油や石炭、天然ガスが採掘されている現場で起きている問題について調べてみよう。

5

気象災害に備えるために～西日本豪雨の経験から

2階まで浸水した浦橋さん宅のベランダから

●気づいたときには避難できない

2018年7月、日本は全国的に記録的豪雨に見舞われましたが、とりわけ広島、岡山、愛媛の各県で、大規模な土砂災害や河川氾濫が発生し、多くの死傷者、行方不明者、家屋損壊をもたらしました（☆1）。広域で大規模な気象災害は、各地の災害対応に多くの課題を提起しました。

浦橋彩さん（当時高校3年生。岡山県倉敷市真備地区）は、その日、大雨警報は出ていましたが、「（警報は）いつものこと」と避難せず、家族と自宅にいました。翌朝、起きたときには道路は冠水し、すでに避難することができませんでした。1階に水が入り、2階まで水が上がってきました。

家族は2階から自衛隊のボートに救助され、避難所に身を寄せることができました。浦橋さん家族が住む地域は、過去にも水害が繰り返されていましたが、「災害の歴史やほかの地域の災害の経験を自分ごととして捉えていなかった」と話します。

祖父母が同居する浦橋さん一家は、被害の大きい真備町を離れて倉敷市内の「みなし仮設住宅」のアパートで1年ほど暮らしました。被災当時や住み慣れない土地での生活や通学といった体験を振り返り、「大変だったという気持ちよりも仲間に助けてもらったという気持ちが大きい」と感謝の思いを語ります。大学2年生になっていますが、看護学を学び、災害看護や保健師の仕事、災害時の心のケアについても学んでいきたいと考えているそうです。

●防災対策は機能したか

さて、真備地区では、川の本流が増水することで支流の水が逆流するという「バックウォーター現象」によって堤防が決壊し、真備地区の4分の1が浸水しました。最大5・4mの深さまで冠水した場所もありました。被災範囲がハザードマップの「洪水浸水想定区域」とほぼ重なっていたことから、防災対策、土地利用計画、住民意識や避難行動の要支援者対策等適切な対策がとられていれば、被害が軽減できたかもしれないといわれています。真備地区で死者の8割が70歳以上であったことからも、避難などに適切な配慮が行われたか検証が必要です。倉敷市では住民の5割以上が避難情報を聞いていたが、住民の4割が避難せずに自宅にとどまったとされています（平成30年7月豪雨災害　対応検証報告書）。

行政の関連施設も被災すると、被災者の所在確認、支援機関の連携が困難になり、災害対応に支障をきたします。たとえば、大きな避難所には支援物資が溢れ、情報が集中する一方で、小さな避難所には食料、水、入浴など、健康を維持する支援が提供されないという支援の偏りが起こります。

また、半壊や一部損壊の家屋に住み続ける在宅被災者や、みなし仮設で生活する被災者、親族などを頼って一時避難する被災者にも、支援や情報が行き届かないという事態が生じます。

●「自然の力はすごい、でも人の力もすごい」

沢山の混乱と困難が生じた中でも、危険を顧みずに救助に当たり、長期間の避難生活や生活再建に寄り添った現場の人々の力により多くの命が助かりました。

災害から1カ月後、真備地区の福祉関係者の会合で、命をかけた救助の様子や支援活動が共有された際には、「自然の力はすごい。でも人の力もすごい」という発言が参加者の胸を打ちました。外部からの支援に加えて、「復興や新たなまちづくりの要になるのは、地域の自分たちでなければならない」という強い決意も表明されました。

ボランティアセンターで作業する総社南高校の生徒たち

総社市では、10代の若者たちが大活躍しました。淺沼和花さん(当時高校1年生)は、ニュースで大災害が発生したことを知りますが、翌日には、10人くらいの友人と救援物資の仕分け作業に参加しています。1日の作業を終え、もっとボランティアの手が必要だと考えた淺沼さんが、SNSで被害の状況を発信すると、次の日には1000人もの中高生が集まりました。そのほとんどが拡散されたSNSを見てかけつけた若者たちでした。

その後も多くの学生が被災現場での片づけや支援物資の仕分けなどに携わり、不足している物資の提供をSNSで呼びかけるなど、若者のアイディアや実行力によって支援活動が次々と改善されてい

きました。

「被災された方の気持ちは完全にはわからないけれど、少しでも傷がいえるようにできることをやろうと。あの時、周りの大人たちは私たちの提案を真剣に聞いてくれ、受け入れてくれた。一緒に考えて一緒に行動することが大切」と淺沼さんは語ります。

岡山県の中高生の多くにさまざまなボランティア経験があるといいます。日頃培った助け合いの精神は、災害時に大きな力を発揮します。地域でともに生きることを大切にし、人のために行動する人びとの力で、被災地は確実に前に向かって進むことができます。

●災害の経験は活かされるか

２０１９年10月、台風19号が関東甲信から東北までの広範囲を襲い、各地に甚大な被害をもたらしました。20年７月には、九州を豪雨が襲いました。各地の災害の実態が研究者や自治体などにより分析・検証され、効果的な防災計画が策定、実施されることが期待されますが、近年、「観測史上初」「記録的な」「１００年に１度」というレベルの異常気象・気象災害と被害は増加し続けています。

日本では、気候変動適応対策の導入や一般化が遅れています。国、自治体、地域レベルで、既存の制度や対策を気候変動に対応できるよう見直すことが急務です。進行している土地利用計画や開発計画に、気候変動によって相乗被害が生じることを防がなければなりません。そして地域住民が主体的に災害リスクを認識し、適切な備えと対応能力を身につけること、互いに助け合う関係性を構築しておくことが重要になっています。

☆1　2018年6月28日から7月8日までの総降水量が四国地方で1800㎜、東海地方で1200㎜。1府10県に特別警報が発令。広島県、岡山県、愛媛県に死者224人、行方不明者8人、全半壊家屋2万1460棟、家屋浸水3万439棟の被害をもたらした。

柳井真結子（やない・まゆこ）
青年海外協力隊（環境教育）参加後、2006年から国際環境NGO FoE Japanの気候変動プログラムスタッフとなる。現在は、委託研究員として国内の開発問題や、インドネシアの海面上昇で浸水する沿岸コミュニティで気候変動適応対策の実践に取り組む。

やってみよう！

・あなたが住む地域のハザードマップを取り寄せて見てみましょう。
・地名（古名）と災害の関係を調べてみましょう。
・緊急避難場所、非常持ち出し用バッグ、家族との連絡手段を確認しましょう。

Column 01

海を守りたい

沖縄本島白化前のサンゴ

白化後

私はダイバーになって40年、さまざまな海の中を見てきましたが、最初の20年間はどこに行ってもすばらしい海が広がっていました。しかし最近の20年間は“胸が締め付けられるような出来事”がどんどん起きてしまいました。今、地球上では確実に死に向かっている海が多いのです。

左上の写真は、沖縄本島沖の造礁サンゴの元気な姿です。しかし、2000年前後から地球上の多くのサンゴが、まるで病気にかかったように白くなってしまい、数カ月後には完全に死んでしまうということが起きています。

もう一枚の写真は、同じ場所のサンゴです。死に絶え瓦礫と化してしまい、見るも無残な姿になっています。今、地球上のサンゴは少なく見積もっても半分以上が死滅しているのです。これは明らかに海水温上昇などが原因で起こっている現象です。

二酸化炭素の排出量を減らし、気候変動の危機的な状況を食い止めるしかありません。「私たちの生活の仕方によって気候が変わる」ということを理解し、実行する必要があるのです。そしてもっと海に出かけ、海の素晴らしさを知り、海にいる楽しさを体感することや、変化を注意深く観察すること、もっと海を好きになることも大切です。

そういう人が増えれば、海を守る大きな力になるはずです。私は海が大好きです。だれでも好きになったことは大切にしたいと思うはず。そして、守るための行動に出るはずです。そんな仲間をたくさん増やす！　それが環境活動家としての今の自分の仕事と思っています。

武本匡弘

たけもと・まさひろ
プロダイバー・環境活動家
NPO法人 気候危機対策ネットワーク代表

2

科学が警告する地球環境の激変!

6

5分でわかる
気候変動のしくみ

●気候変動とは

「気候」とは、気温や風、雨などの「気象」現象の平均的な状態のことをいいます。

気候は、私たちの生活に密接に関わっています。たとえば、暖かい熱帯気候と寒い寒帯気候では、私たちがふだん着る服が異なってきますし、雨の多い湿潤気候と少ない乾燥気候では収穫できる農作物も異なります。「天気」は、暖かい晴れの日と寒い雨の日など、日々変動するものですが、気候はもっと長い時間スケール（30年程度の長期）の状態を特徴付ける言葉です。

「気候変動」とは、気候が何年もかけてゆっくり変化することですが、まず、①地球全体の気温の決まり方、②気候変動のしくみを解説します。その後に、③気候変動の一つである近年の地球温暖化が、日本の異常気象にどのように影響しているかを説明しましょう。

●地球の温度の決まり方

地球は太陽から来る光のエネルギーを吸収して温まり、そのエネルギーを赤外線という形で放射して冷却しています（図①-Ⓐ）。太陽エネルギーの入射と赤外線の放射エネルギーのバ

■図①　太陽からのエネルギーの吸収と
地球表面からのエネルギーの放出のバランス

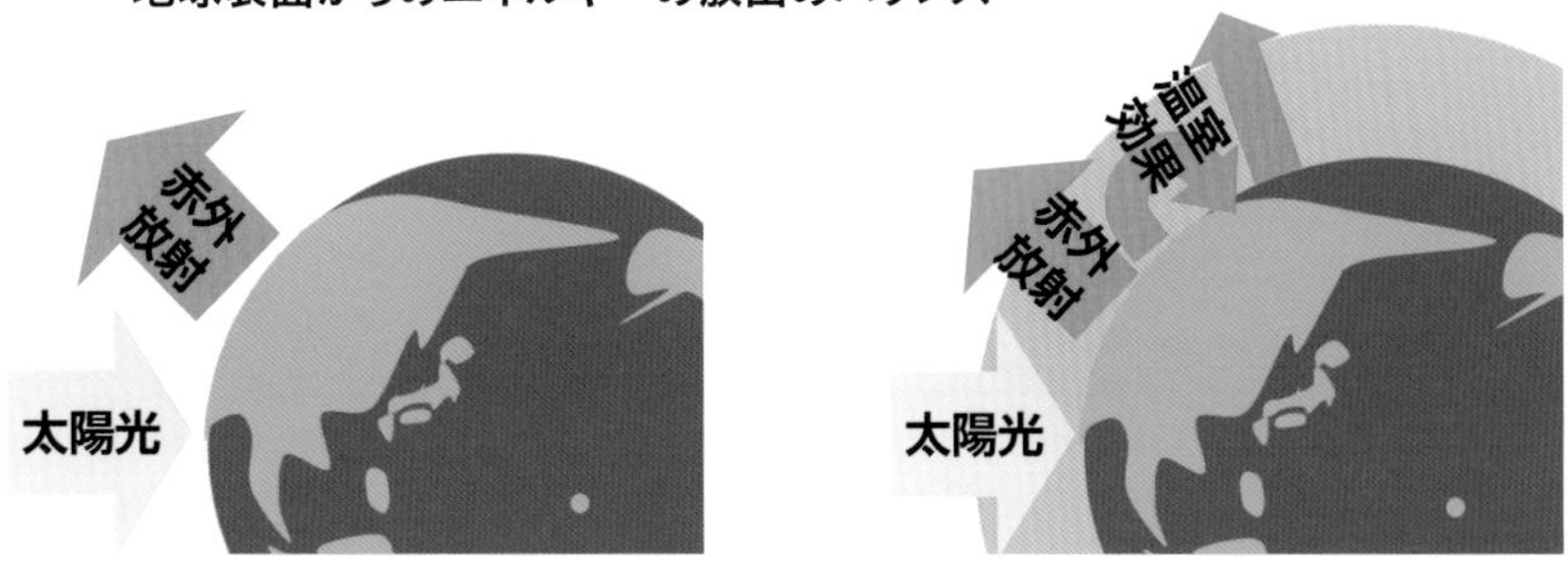

(A) 太陽光入射エネルギーと赤外放射エネルギーのバランス➡ -19℃

(B) 大気の温室効果を考慮➡ 14℃（実際の気温）

ランスだけで計算すると、地球の温度はおよそマイナス19℃になります。

しかし、地球表面の気温の平均はおよそ14℃に保たれています。この33℃の違いは、おもに地球の大気に含まれる水蒸気や二酸化炭素の〈温室効果〉によるものです。地球の表面から放射された赤外線のエネルギーは、温室効果ガスによって部分的に地表に戻って来るのです。（図①-(B)）。

そのため、地表に入射するエネルギーは、地球の大気がない場合に比べて大きくなります。そうして温度が上がると、地表からの赤外線のエネルギーも増えて、温度が上昇した状態でエネルギーの吸収と放出のバランスがとれます。

太陽からの入射エネルギーや地表からのエネルギー放出が変われば、地表気温も変動します。図②は、過去1000年程度の地球の気温変動です。温度計による観測データがあるのは1800年以降ですので、それ以前は樹木年輪、サンゴ、氷床コアなどから推定された気温です。とくに古い年代の気温には大きな推定誤差（0・5℃程度）が含まれるので注意してください。

図②の気温変動を見ると、950〜1250年頃に「中世の温暖期」と呼ばれる比較的暖かい期間、1450〜1850年頃に「小氷期」と呼ばれる比較的に寒冷な期間が見られます。

■図②　950-2000年の北半球平均の気温変動

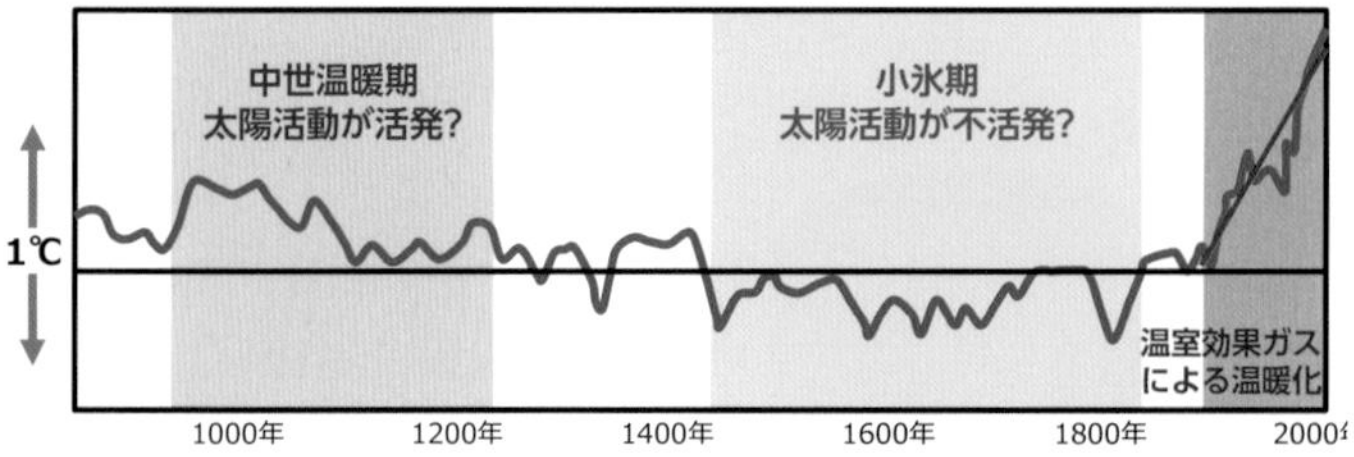
中世温暖期
太陽活動が活発?
小氷期
太陽活動が不活発?
1℃
温室効果ガス
による温暖化
1000年
1200年
1400年
1600年
1800年
2000年

＊IPCC2013の図を簡略化

■図③　1900-2019年の日本列島の気温変動

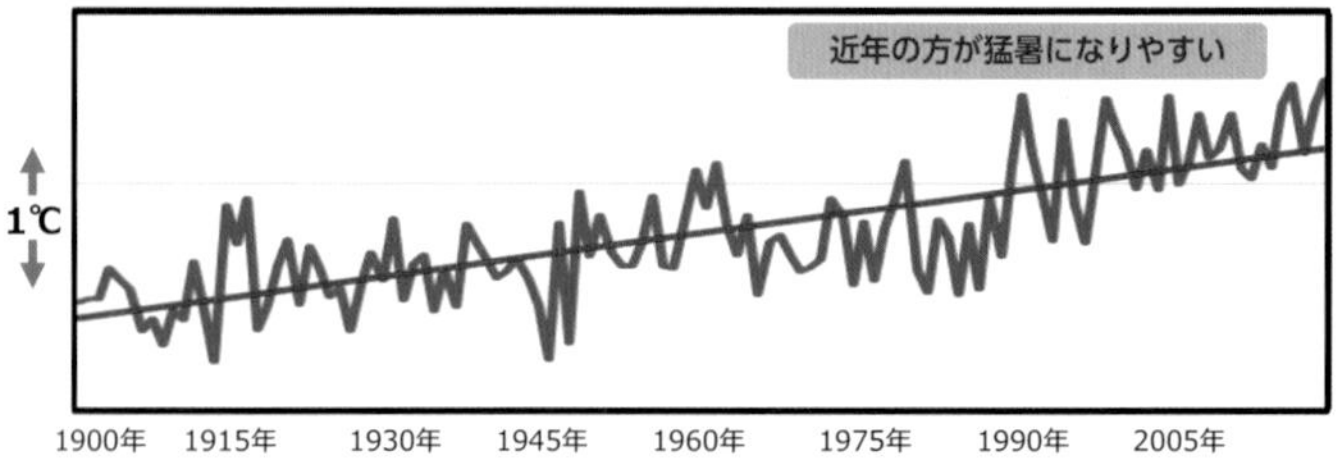
近年の方が猛暑になりやすい
1℃
1900年
1915年
1930年
1945年
1960年
1975年
1990年
2005年

＊1900-2019年の日本列島の気温変動（気象庁のデータによる）

中世の温暖期については、とくにヨーロッパに記録が残っており、ブドウ栽培などの農業生産力が向上した、人口が増加したなどの影響があったと考えられています。

一方、小氷期については、ヨーロッパアルプスの氷河の拡大、オランダの河川の凍結、ニューヨーク湾の凍結などの記録が残っており、日本も含めさまざまな地域で飢饉が発生していました。

これらの気候変動の原因の一つとして、太陽活動の変動が考えられています。太陽の活動は、中世の温暖期にはより活発で、小氷期では不活発だったことがわかっています。

１９００年以降、気温が急激に上昇していますが、これが近年注目されている地球温暖化の現象です。この温度変化は中世の温暖期や小氷期に比べても急激なもので、気温上昇は今後も続くことが予想され、その影響が大きくなることは容易に想像できます。

地球温暖化のおもな原因は、人間活動に伴う二酸化炭素濃度の増加によって温室効果が強くなったことです。有力な根拠となったのは、世界の数十の研究機関で行われた気候モデルによる数値実験（シミュレーション）です。

太陽活動、二酸化炭素濃度、火山活動の変動など、気候変動のさまざまな要因を考慮してシミュレーションを行うと、図②に見られる過去100年の温暖化が再現されます。しかし、二酸化炭素濃度を増加させないシミュレーションでは、温暖化が起こりません。つまり、二酸化炭素の濃度が増加したことが、温暖化の本質的な原因だと考えられるのです。

●地球温暖化と日本の異常気象

近年の地球温暖化は、日本の異常気象にどのように影響しているのでしょうか？

「異常気象」とは、30年に1回以下の頻度で、まれに発生する気象現象のことです。図③に日本の気温変動を示しています。日本でも100年で1℃程度の温暖化が見られます。

また、この長期傾向に重なって、暑い年と寒い年の細かい変動も見られます。これは、気象には自然に変動する〝ゆらぎ〟があるからです。たとえば、太陽活動や二酸化炭素濃度の変動のような原因がなくても、図③の1916年のように、周りの年に比べて比較的高温になることはあります。しかし、近年は、温暖化が進行していることで、とくに高温になる頻度が高くなっています。

例として、2018年7月の猛暑が挙げられます。この時、東日本の気温は、観測史上でもっとも高温の異常気象になり、熱中症による死者は1000人を超えました。この猛暑のおもな原因は2つあります。

1つ目の原因は、太平洋高気圧とチベット高気圧が日本付近に張り出し、晴天が続いたため、気温が上がったことです。これらの高気圧の挙動は自然変動のゆらぎの中で発生したと考えることができます。

２つ目の原因は、温暖化によって気温がかさ上げされたことです。最新の研究では、この２０１８年７月の異常高温の発生確率は、温暖化がなければほぼゼロ％（発生しえない）なのに対し、温暖化が進行していたことで20％程度（５年に１回）になっていたという報告もされています。

地球温暖化は豪雨に影響することもわかっています。たとえば、２０１８年６月の終わりから７月の初めに、日本では、洪水と土砂災害によって２００名以上の方が亡くなる「平成30年７月豪雨」が発生しました。

この豪雨は、発達したオホーツク海高気圧と太平洋高気圧の間に停滞した梅雨前線に、南から大量の水蒸気が流入して発生しました。この時、豪雨雨量が非常に大きくなった重要な要因として、地球温暖化が考えられています。温暖化で気温が上昇すると、大気に含まれる水蒸気量が増加します。最新の研究では、この時の豪雨雨量は、地球温暖化によって７％程度増加したと考えられています。

地球温暖化は、すでに異常気象に影響し、災害による大きな被害が生じています。今後、温暖化はさらに進行し、猛暑や豪雨はより高い頻度で発生するようになっていきます。私たちは、この気候変動危機にどのように対応していくか、考えていかなければなりません。

廣田渚郎（ひろた・なぎお）
国立環境研究所地球システム領域主任研究員。2009年、東京大学大学院理学系研究科博士課程修了。専門は気候変動と雲・降水。

やってみよう！

・地球の気温の決まり方と気候変動のしくみを友だちに説明してみましょう。
・地球温暖化の進行に伴って、異常気象がどのように変わるか考えてみましょう。

7 科学者は60年以上も前から温暖化の警鐘を鳴らしていた

●気候変動に関する政府間パネル（IPCC）が誕生した

二酸化炭素による気候変動（温暖化）のメカニズムは古くから知られていて、宮沢賢治の童話『グスコーブドリの伝記』にも冷害を克服するための方法として登場します。1957年の国際地球観測年に米国の科学者ロジャー・レヴェルは、気候変動について「人類は、過去に実施したことがなく、将来もやり直しができない壮大なスケールの地球物理学的実験を行おうとしている」と発言しています。

国連環境計画（UNEP）と世界気象機関（WMO）は、気候変動問題を科学的に解明し、その取り組みを分析する国際機関を1988年に共同で設立しました。それが、気候変動に関する政府間パネル（IPCC）です。気候変動枠組条約が採択されるのが1992年ですから、それに先立ってIPCCが成立していたことになります。

IPCCの役割は、自ら研究を行うのではなく、最新の科学的な知識を集めて報告書としてとりまとめ、各国の政治家や行政（政策決定者）などに対して情報を提供することです。また、IPCCは政策に対して中立的であること（どの政策がいいかを推奨することはしない）が掲げられています。

IPCCは、3つの主要な作業部会で構成されています（図①）。

■図① IPCCの構成図

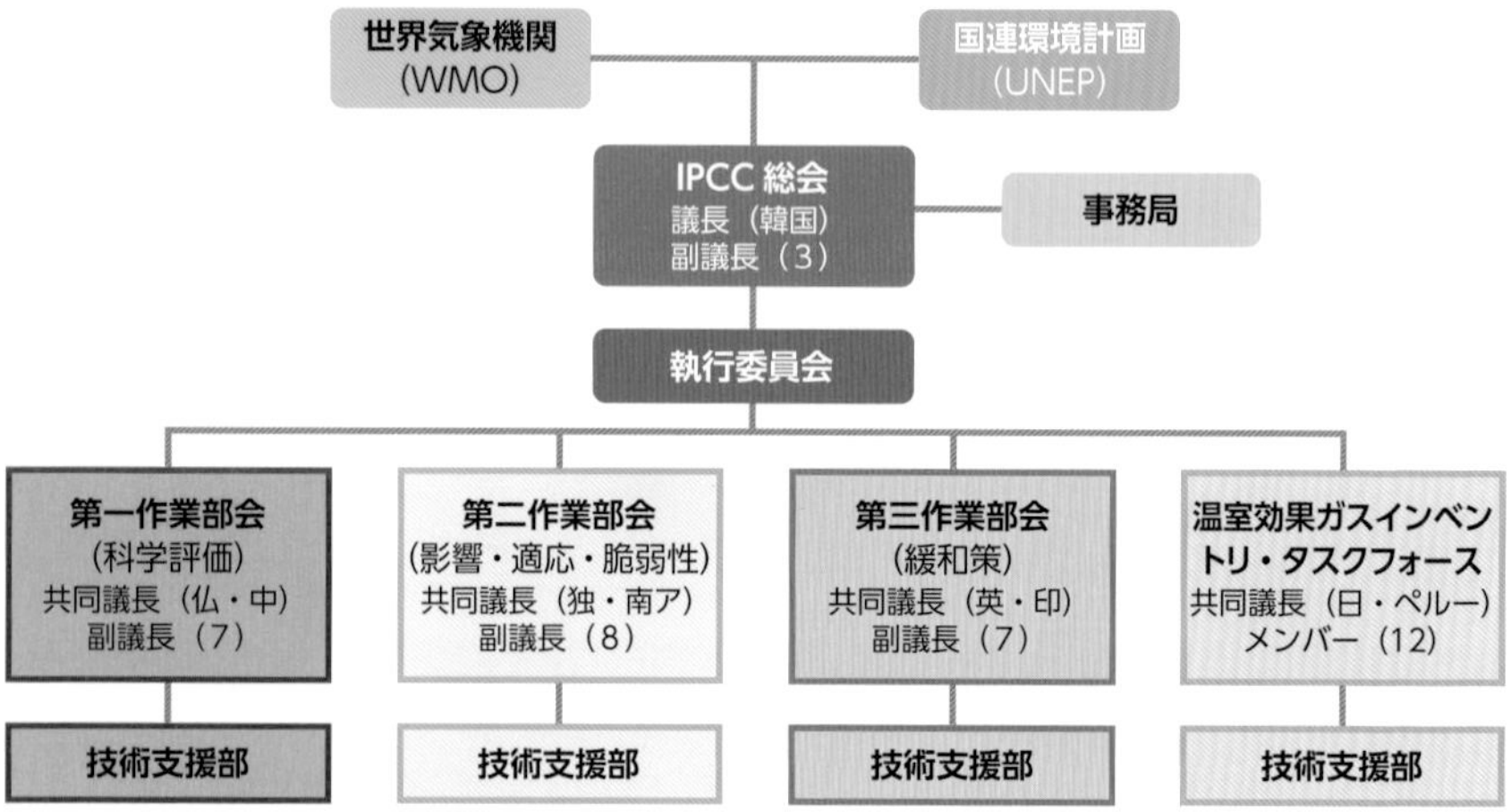

IPCC の構成図（第六次評価報告書）
議長、副議長は、選挙（各加盟国が１票ずつ保有）で１カ国から１名のみ選出されます。
各作業部会の共同議長は、先進国と途上国からそれぞれ選出されます。
図中の議長の横の国名は、第六次評価報告書の出身国で、副議長の横の数字は副議長の数を表わしています。

①第１作業部会：気候変動の科学的根拠を評価する

②第２作業部会：気候変動による影響や適応策（気候変動によって生じる被害を小さくするための取り組み）、影響による被害の受けやすさを評価する

③第３作業部会：気候変動緩和策（気候変動を回避するための温室効果ガス排出削減に関する取り組み）を評価する

このほかにも、温室効果ガス排出量の算定方法を評価する作業部会（温室効果ガスインベントリ・タスクフォース）があります。

ＩＰＣＣでは、３つの作業部会ごとに評価報告書を作成していますが、２０１４年までに５つの評価報告書が作成され、20年現在、第６次評価報告書の執筆が進められています。また、将来の温室効果ガス排出量の可能性を示す排出シナリオや、炭素隔離貯留（項目⓲参照）、１・５℃目標（項目❽参照）など、特定の課題をとりまとめた特別報告書も作成されています。なお、20年４月に予定

されていた第6次評価報告書第3作業部会の執筆者会合は、新型コロナウィルス感染症の影響で、オンラインで開催されました。

●IPCCが示す気候変動問題の原因

IPCCが、気候変動と人間活動について、各報告書でどのように評価してきたかを簡単に紹介しておきましょう。

第1次評価報告書（1990年公表）では、「……この温暖化の大きさは地球の気候を再現し予測するモデル（気候モデル）の予測とほぼ一致しているが、自然の変化によって生じる気候の変化（自然の気候変動性）の大きさとも同じである。このため観測された気温上昇の大部分がこの自然の気候変動性によることもあり得る。一方、この自然の気候変動性とほかの人間の活動による気候の変化が、より大きな人為的な温室効果による温暖化を相殺しているかもしれない。観測により温室効果の増加を明白に検出することは10年以上かけてもできないだろう」（IPCC WGI FAR SPM, p.xii）と人間の活動による気候の変化の可能性を指摘してはいますが、明確には示されていませんでした。

ところが、第2次評価報告書（1995年）では、「証拠を比較検討した結果、人間の活動によるものと識別可能な影響（人為起源の影響）が気候に現れていることを示唆している」（IPCC WGI SAR SPM, p4）と、第1次評価報告書では明確に評価されていなかった人為起源の影響について、はっきりとした表現を使っています。

さらに、第3次評価報告書（2001年）では、「新たなより確かな証拠によると、最近50年間に観測された温暖化のほとんどが人間の活動によるものである。……最近50年間に観測さ

れた温暖化のほとんどが温室効果ガス濃度の上昇によって引き起こされた可能性が高い」（IPCC WGI TAR SPM, p10）とさらに強い表現で示されるようになりました。

第4次評価報告書（2007年）では、「過去半世紀の気温上昇のほとんどが人間の活動による温室効果ガスの増加による可能性がかなり高い」（IPCC WGI AR4 SPM, p10）とされました。

第5次評価報告書（2014年）では、「気候システムの温暖化については疑う余地がない。……人間の活動による影響が20世紀半ば以降に観測された温暖化の支配的な原因であった可能性が極めて高い」（IPCC WGI AR5 SPM, p17）と、気候変動が人間活動を原因とすることの確信度がさらに高くなったと評価しています。

●これまでと将来の気候変動

IPCCの第5次評価報告書では、これまでの観測結果から1880年から2012年の間に、世界平均地上気温は0.85℃上昇しており、最近30年の各10年間の世界平均地上気温は、1850年以降のどの10年間よりも高温であると指摘しています。

また、過去20年にわたりグリーンランドや南極の氷床が減少しており、氷河はほぼ世界中で縮小し続け、北極の海氷面積及び北半球の春季の積雪面積は減少し続けているとしています。

将来に向けた予測として、最悪の排出シナリオ（温室効果ガス排出量が増加し続けるケース）では、1986～2005年を基準とした場合と比べて2081～2100年には、世界の平均地上気温は2.6～4.8℃上昇する可能性が高く、平均海面水位は0・45～0・82m上昇する可能性が高いとしています。仮に、温室効果ガスの排出量を2050年までに半減し、21世紀後半までにゼロになった場合でも、世界の平均地上気温は0.3～1.7℃、平均海面水位は0・26～0・55m上昇する可能性が高いとしています。

こうした平均地上気温の上昇に伴って、ほとんどの陸上で極端な高温を記録する日が増加することはほぼ確実で、ほとんどの中緯度の大陸と湿潤な熱帯域では、今世紀末までに強力で頻繁な極端な降水が起こる可能性が非常に高いとしています。さらに、二酸化炭素の累積排出量と平均地上気温の上昇量は、ほぼ比例関係にあり、海洋へのさらなる炭素蓄積の結果、海洋の酸性化が進行するであろうと指摘しています。

●政策と科学

気候変動問題は、地球の気候という巨大なシステムを対象にしていて、100年を超える時間を対象としていますから、すべてを正確に予測することは現状ではほぼ不可能です。また、一度問題が生じると、気候を元に戻すことは不可能か、戻せても極めて長い期間が必要になります。つまり、科学的に気候変動の原因が100%解明されてから解決策を検討して取り組むのでは、手遅れとなります。

そのため、政策と科学が一緒に問題解決に向けて取り組むことが必要です。政策は気候変動問題の解決のためにどのような情報が必要かを科学に伝え、科学はそうした要請に応えて最新の知識を政策に伝えるという連携が不可欠なのです。また、気候変動問題の解決には、１つの学問分野だけではなく、さまざまな学問分野の知識が必要です。ＩＰＣＣは、各分野の最新の知識をとりまとめるとともに、政策決定者にとって必要な情報を伝えることが期待されています。

増井利彦（ますい・としひこ）
国立環境研究所社会システム領域室長。東京工業大学特定教授。
IPCC第６次評価報告書第３作業部会の執筆者。

やってみよう！

・気温が上昇したときに、身の回りにどのような影響が起こるか考えてみましょう。
・温室効果ガスを削減する取り組みにはどんな行動があるか考えてみましょう。

8

気温が1・5℃上がると、世界はどうなるの？

●気候変動に関する政府間パネル（IPCC）からの報告

二酸化炭素の排出量は、産業革命から始まった工業化によって化石燃料（石炭・石油・天然ガスなど）の使用が急増し、1850年頃から急激に伸びています。「気候変動に関する政府間パネル（IPCC）」（項目❼参照）の評価によると、1850年頃から、現在、世界の平均気温は約1℃上昇しており、その影響はすでに自然や人間活動に現れています（☆1）。

2015年12月、パリで開催された「気候変動枠組条約締約国会議」（項目⓯参照）で、化石燃料をほとんど使わなかった工業化以前に比べて、世界の平均気温上昇を2℃より十分低く保つこと、さらに1・5℃に抑えるよう努力することが合意されました。この合意は、すでに気候変動に脅かされている太平洋の島国やアフリカなどの国ぐにの強い要望に基づくものでした。

一方、2015年の時点では、気温が1・5℃上昇した場合と2℃上昇した場合にどれだけの違いがあるのか、十分にわかっていませんでした。国際社会はIPCCに対して、1・5℃上昇と2℃上昇の影響の違い、人間活動によって生じる温室効果ガスを、いつまでにどの程度減らしていかなければならないのかについて、2018年に報告書を提出するよう求めました。これを受けて、IPCCが作成したのが「1・5℃特別報告書」なのです。

1・5℃と2℃の気温上昇の影響の違い

温暖化の進行は、どのようなものであれ、人間の健康に影響を及ぼします。熱中症など熱暑を原因とする疾病や死亡のリスクは、1・5℃の温暖化に比べて、2℃の温暖化のほうが高くなります。マラリアやデング熱などを媒介する蚊の生息域も、1・5℃よりも2℃の温暖化の方が、範囲が拡大する可能性があります。また、こうした病気にかかるリスクは温暖化が進むにしたがって増大すると予想されます。

1・5℃の場合と比べて、2℃の温暖化の場合、とくにサハラ砂漠以南のアフリカ、東南アジア、ラテンアメリカにおいて、トウモロコシ、米、小麦などの収量が減ってしまうと予想されています。これは世界の食糧事情に大きな影響をもたらします。

さらに、水ストレス（水需給がひっ迫している状態）にさらされる人口が、世界平均で2倍になると予想されています。このほかにも数多くの被害が予想されます。気候変動によって、数億人規模の人びとの生活に影響が出て、さらに貧困に陥る可能性も増大するといわれています。

危機の規模

温室効果ガスの排出が、このまま続くと、取り返しのつかないことになるといわれています（図①）（☆2）。

熱帯雨林はその名前が示すように、非常に湿った状態に支えられています。温暖化が進行すると、森林が減少し、サバンナ（熱帯・亜熱帯地方にみられる乾燥した草

■図① 気温上昇が自然・人間社会に与える影響

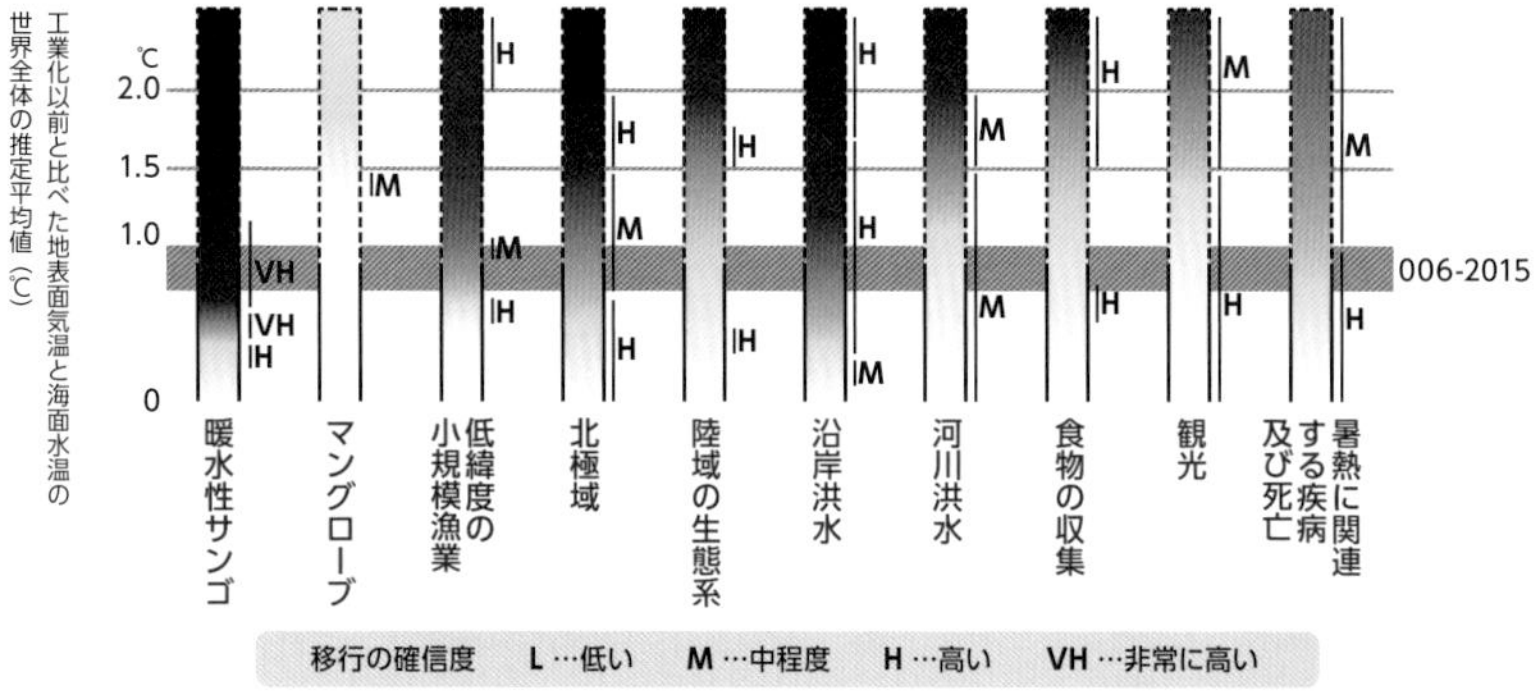
工業化以前と比べた地表面気温と海面水温の世界全体の推定平均値（℃）
℃
2.0
1.5
1.0
0
006-2015
暖水性サンゴ
マングローブ
低緯度の小規模漁業
北極域
陸域の生態系
沿岸洪水
河川洪水
食物の収集
観光
暑熱に関連する疾病及び死亡
移行の確信度 L…低い M…中程度 H…高い VH…非常に高い

出典：IPCC「1.5℃特別報告書」

原）へと移行する可能性があります。また、森林火災が増えるともいわれています（項目❷参照）。樹木の立ち枯れや森林火災は、二酸化炭素の増加を加速するだけではなく、森林は炭素吸収源であることから、地球の炭素吸収機能が衰弱することでもあります。

グリーンランドや南極大陸では、棚氷《たなごおり》や氷床の融解が加速していることから、このままの温室効果ガスの排出量が続けば、温暖化が進行し、2100年には世界の平均海面水位が1m以上上昇する可能性があるといわれています（☆3）。

永久凍土の融解も注視しなければなりません。永久凍土には、現在大気中にある約2倍の炭素が含まれていると推定されています。永久凍土が溶けると、氷の中に閉じ込められていた有機物が分解され、温室効果ガスである二酸化炭素やメタンが大気中に放出され、温暖化を加速します。

二酸化炭素などの温室効果ガスの増加は、このほかにも、サンゴ礁の死滅、高山氷河の喪失、海の酸性化や酸素濃度の低下などの原因になり、その変化を加速します。

●気候変動対策の緊急性

一度大気中に放出された二酸化炭素は、長期にわたって大気中に残り、温暖化に影響を与え続けるため、過去からの累積量が問題になります。1760年代から始まった産業革命による工業化以降、かなりの量の二酸

永久凍土が融解して露出したがけ
写真提供：内田昌男

化炭素が排出されており、今後排出量をどこまで抑えればよいかが計算されています。

ある計算では、世界の平均気温の上昇を1・5℃に抑えるためには、今後排出できる二酸化炭素の量は7700億t、別の計算でも、5700億tと推定されます。現在の二酸化炭素排出量は年間約420億tなので、このままの量を排出し続けると13年から19年の期間で限界を迎えることになります。

温暖化のシミュレーションでも、このままの量の二酸化炭素をはじめとする温室効果ガスの排出が続けば、早ければ2030年、遅くても32年後の2052年には、世界の平均気温が1・5℃上昇に達してしまうと予想されています。

気温上昇を1・5℃までに抑えるためには、2030年までに、人間活動による二酸化炭素排出量を大幅に低下させ、2050年までに化石燃料の燃焼などから排出される二酸化炭素の量から、森林などに吸収される二酸化炭素の量を差し引きして、増加量をゼロにする必要があります。そのためには、この10～15年が正念場で、有効な対策が実行されないと、2050年には〈増加量ゼロ〉を達成できません。

●どんな取り組みが必要か

①太陽光や風力などの自然エネルギーを使って発電することによって、二酸化炭素排出量を減らすことができます。「1・5℃特別報告書」によると、電力に占める再生可能エネルギーの割合を2050年までに63％から86％に上げる必要があります。

甲斐沼美紀子（かいぬま・みきこ）
（公財）地球環境戦略研究機関の研究顧問。IPCC 第4次評価報告書、第5次評価報告書、1.5℃特別報告書の主執筆者。国連環境計画「地球環境概況第6次報告書」（GEO-6）の統括主執筆者。

②電気や物を生産するときに発生する二酸化炭素を削減することも重要です。

③ガソリン自動車から電気自動車や水素自動車に変えることで、二酸化炭素排出量を減らすことができます。電気自動車のバッテリーに、自宅の屋根などに設置した太陽光発電の余剰分を蓄電し、家庭の電源として利用する方法も開発されています。

④私たちの生活で、二酸化炭素を削減することも重要です。エネルギー消費量の少ない電気製品を使うことで電気の消費量を減らすことができます。

⑤山林を整備し、植林を促進して二酸化炭素の吸収機能を高めることも重要な対策です。ただし、単一作物を大量に栽培するプランテーション、大規模太陽光発電の設置などは自然生態系を破壊する可能性があります。対策を実行する際には自然を破壊しないかどうかをしっかり考える必要があります。

☆1 IPCC(2018) Special Report on 1.5℃；IGES（2018）IPCC 1.5℃特別報告書ハンドブック：背景と今後の展望．https://www.iges.or.jp/en/pub/ipcc-gw15-handbook/ja

☆2 Hoegh-Guldberg et al. (2019) The human imperative of stabilizing global climate change at 1.5℃. Science. DOI: 10.1126/science.aaw6974

☆3 IGES(2019) IPCC 海洋・雪氷圏特別報告書」ハンドブック：背景と今後の展望. https://www.iges.or.jp/jp/pub/ipcc-srocc-handbook/ja

やってみよう！

・気温上昇の違いによる温暖化への影響の違いについて調べてみましょう。
・二酸化炭素をはじめとする温室効果ガスの排出を減らすにはどうすればよいか話し合ってみましょう。

9

人類の土地利用が気候変動に与えた影響

●土地利用・食料生産・気候変動の深い関係

人間が生きていくために不可欠な食料、木材、紙、繊維、水、鉱物などはすべて土地から得られ、私たちの生活は大地の恵みに支えられています。もし、人類がいなければ、陸地は森林やサバンナなど、その土地の気候にあった植生に覆われているはずです。陸地で人間が利用できる土地は、氷河や砂漠を除いた約1億4００万㎢と考えられていますが、すでにその半分を食料生産のための農地に変え、森林として残されているのは37％に過ぎません（☆1）。農地の8割は、牧草など家畜飼料の生産に利用されています。牛肉を1kg生産するためには穀物11kgが必要で（☆2）、食肉の生産には穀物生産よりも広い土地を必要とします。実際、農地の8割が、牧草など家畜飼料の生産に利用されていますが、動物性食品は世界の食料（カロリーベース）の2割しか供給していません（図①）。

生活が豊かになると動物性食品を多くとる傾向がありますが、人類の肉食が拡大していくと、さらに広大な農地が必要になり、森林や自然の植生が農地に変えられていきます。農地の造成と農業活動

図①　世界の土地利用

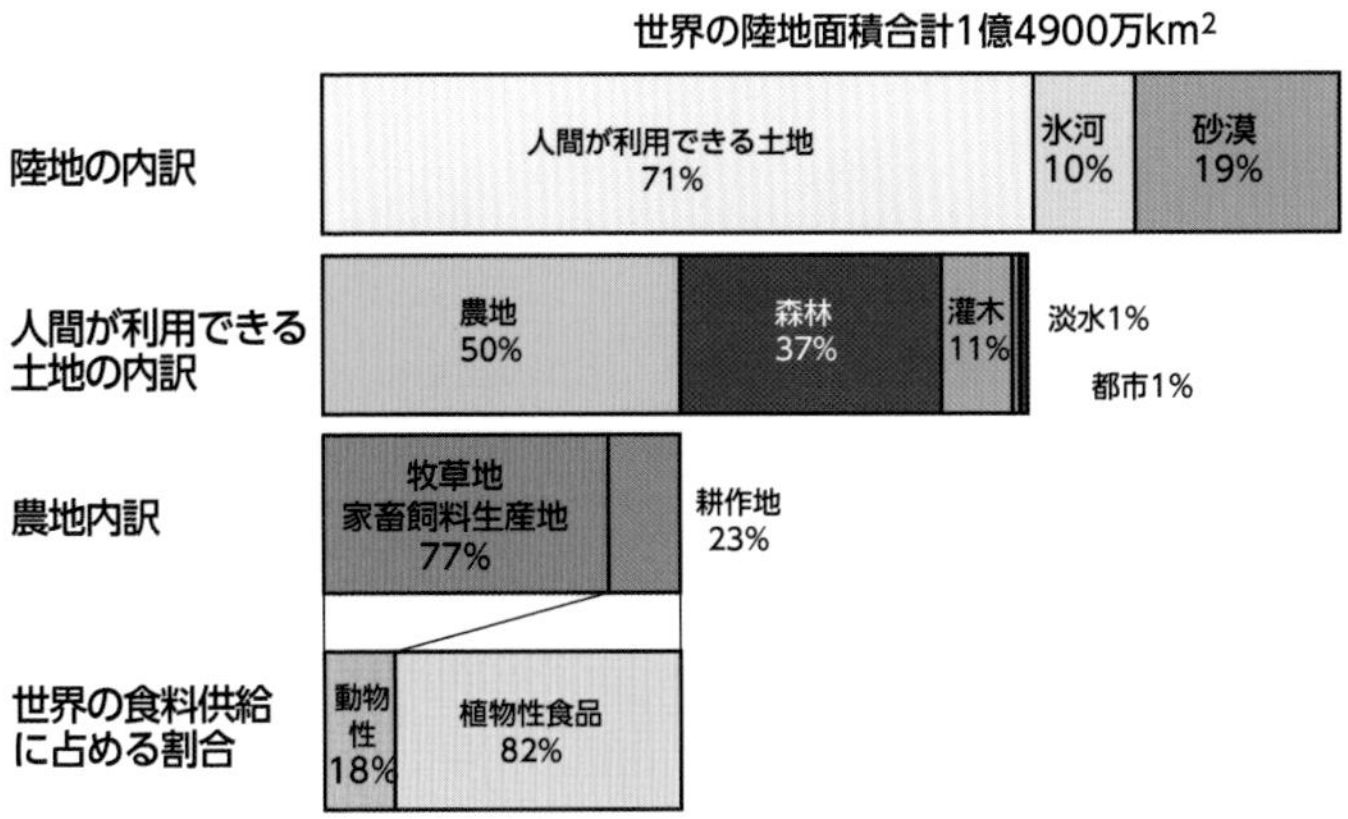

世界の陸地面積合計1億4900万km²
陸地の内訳
人間が利用できる土地 71%
氷河 10%
砂漠 19%
人間が利用できる土地の内訳
農地 50%
森林 37%
灌木 11%
淡水1%
都市1%
農地内訳
牧草地 家畜飼料生産地 77%
耕作地 23%
世界の食料供給に占める割合
動物性 18%
植物性食品 82%

出典：Our World in Date（☆1）

から、世界全体の温室効果ガス排出量の23%が排出されています。化石燃料の使用が温室効果ガスを排出することは広く知られていますが、食料を生産するため、土地利用を変化させることと、食料を生産するための農業・畜産活動が温室効果ガスの大きな排出源になっているのです。

●熱帯林の減少による二酸化炭素の排出量は、日本で排出される温室効果ガスの2倍

樹木は、光合成によって二酸化炭素を吸収するので、大気中の二酸化炭素を削減することができます。吸収した二酸化炭素はセルロースなどに形を変えて、幹や枝などになります。樹木は、数十年から数百年と寿命が長く、長期間炭素を固定することで、森林は巨大な炭素の貯蔵庫の役割を果たしているのです。

一方、伐採や火災で森林が消滅すると、二酸化炭素の吸収源が失われると同時に、長期間、樹木が蓄えていた大量の炭素が二酸化炭素として一度に大気に放出されてしまいます。森林減少はとくに熱帯地域において深刻で、そのことによる二酸化炭素の排出量は毎年2・6GtCO_2に及びます（☆3）。これは、日本全体で1年間に排出される温

▨図②　土地利用からの温室効果ガス排出量（2007-2016年）

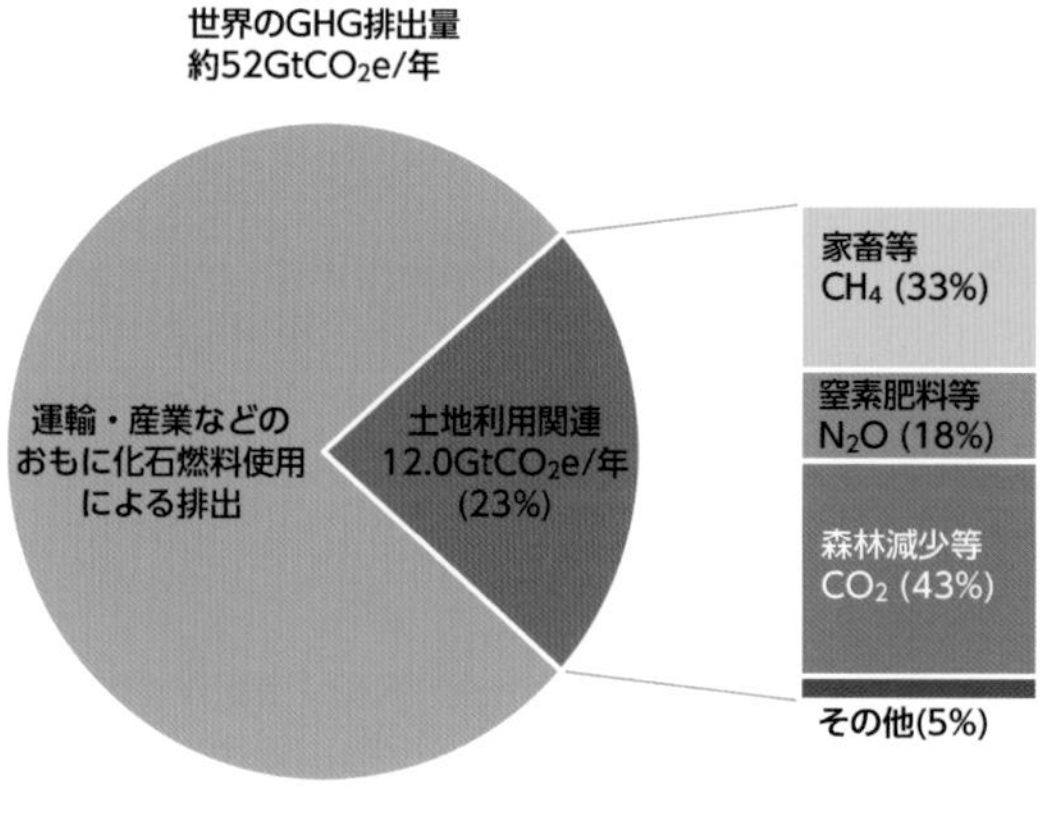
世界のGHG排出量
約52GtCO₂e/年
運輸・産業などの
おもに化石燃料使用
による排出
土地利用関連
12.0GtCO₂e/年
(23%)
家畜等
CH₄ (33%)
窒素肥料等
N₂O (18%)
森林減少等
CO₂ (43%)
その他(5%)

IPCC（☆5）に基づき作成

室効果ガスの2倍に相当する膨大な量です。

図②を見てください。森林の減少による二酸化炭素の放出は、土地利用関連の排出の43％、世界全体の排出の約10％を占めています。森林減少のおもな原因は、農地の拡大、木材生産、焼畑移動耕作、森林火災です。森林を伐採し利用することすべてが問題というわけではありません。森林を伐採して木材として有効利用しても、そこに同じだけの樹木が再生すれば、実質的な二酸化炭素の排出はゼロとみなすことができます。しかし、過度な伐採を行うと、森林が元の状態に回復せず劣化し、蓄えられる炭素量も減ってしまいます。森林を伐採する際には、森林が劣化しない持続可能な森林管理が重要なのです。

一方、森林が完全に農地に転換されると、森林の伐採、燃焼などによって発生した二酸化炭素は、再度吸収されることなく大気中にとどまり、気候変動に深刻な影響を与えます。最新の衛星観測技術を使った研究によると、2001〜15年に失われた森林のうち約25％、毎年約5万㎢（北海道の面積半分程度）が農地に転換されました（☆4）。

熱帯林の農地転換でとくに問題となっているのは、大豆、牛肉、パーム油、木材・パルプ、コーヒー、カカオ、天然ゴムなどの商品作物です。熱帯の森林減少は、日本とは無関係の問題に思えるかもしれませんが、これらの作物のほとんどは海外に輸出され、食料自給率の低い日本もこれらの作物を輸入しています。輸入国における食料需要の拡大が、熱帯の森林を減少させる原因のひとつになっているのです。

さらに、現在気候変動対策として、化石燃料から再生可能エネルギーへの転換がありますが（項目⓳参照）、再生可能エネルギー源としてバイオマスエネルギーが注目されています。バイオマスは地球上の植物資源を意味し、木材やトウモロコシ、サトウキビなどからアルコール類を製造し、代替エネルギーにするというものですが、新たな森林減少の原因として懸念されています。

●気候変動防止のための将来の土地利用

図②からわかるように、農業活動からも多量の温室効果ガスが排出されています。亜酸化窒素（N_2O）とメタン（CH_4）という、強力な温室効果ガスです。作物の収量を向上するには窒素肥料の投入が欠かせませんが、作物が吸収できる量以上に化学肥料や堆肥を投入すると、土壌中の微生物の働きによって亜酸化窒素が排出されてしまうため、排出削減には適切な施肥量の管理が重要となります。メタンは、牛などの反すう家畜の消化管内発酵（げっぷやおなら）から排出されています。

ＩＰＣＣの報告書（☆5）では、土地利用を含めたすべての分野の大規模な排出削減と同時に、森林の二酸化炭素の吸収機能も活用して大気中の二酸化炭素濃度を下げる必要があることが提言されています。2050年頃までに森林面積を300万㎢程度（日本の面積の10倍）拡大する必要があり、そのためには既存の農地を減らさなければならないことになります。これは、現在人類社会が行っている、〈森林を農地にして食料を確保する〉というやり方とは真逆の方向性です。

世界の人口は、現在の77億人から30年後には97億人に増加すると予測されています（☆6）。食料需要は現在より、20億人分増加するにも関わらず、農地を減らしながら食料を確保し、森林を増やすという課題をやり遂げなければならないのです。そのためには私たちの食をはじめとするライフスタイルの見直しが求められています。例えば生産過程で温室効果ガス排出の多い食肉に依存しすぎない食生活などです。

自然を破壊するような土地利用のやり方は、野生生物のすみかを奪います。これまで少なくとも680種の脊椎動物が絶滅し、現在では100万種の動植物が絶滅の危機に瀕しており、生物の多様性が急速に失われています（☆7）。

土地利用の気候変動への影響を抑えることは、生物多様性を守ることにもつながり、それは私たちが生活の基盤としている大地の恵みを豊かに維持することになるのです。こうした土地利用の新たな課題をクリアするために、世界中の人びとの知恵や技術が必要とされます。私たちの幸せな生活を維持するために、土地利用と気候変動、そして食料の問題を認識したうえで、消費者としてよりよい選択をしていくことが重要です。

☆1　https://ourworldindata.org/land-use
☆2　農林水産省（2017）「知ってる？　日本の食料事情」
☆3　Curtis P. G et al. (2018) Classifying drivers of global forest loss. Science 361: 1108-1111.

山ノ下麻木乃（やまのした・まきの）
（公財）地球環境戦略研究機関主任研究員。国際的な森林に関する気候変動対策、途上国の地域住民の生活向上に寄与する森林保全対策の研究。

☆4 Pendrill F. et al. (2019) Agricultural and forestry trade drives large share of tropical deforestation emissions. Global Environmental Change 56: 1-10.

☆5 IPCC (2019) Special Report on Climate Change, Desertification, Land Degradation, Sustainable Land Management, Food Security, and Greenhouse gas fluxes in Terrestrial Ecosystems.

☆6 国際連合経済社会局（２０１９） 世界人口推計 ２０１９年版

☆7 IPBES (2019) Summary for policymakers of the global assessment report on biodiversity and ecosystem services of the Intergovernmental Science-Policy Platform on Biodiversity and Ecosystem Services.

やってみよう！

・輸入食品が土地利用にどのような影響を及ぼしているか考えましょう。
・食品が持続可能な土地利用や農業を通じて生産されたものであるか調べてみましょう。認証マークの種類などが参考になります。

10

気候変動で
絶滅の危機に直面する生き物たち

●第6の大量絶滅時代

地球上の生き物は、５億年間で５度の大量絶滅を経験しています。たとえば、６５００万年前に隕石が地球に衝突し、地球が寒くなって恐竜が絶滅したと考えられています。

現代は〈第６の大量絶滅時代〉と呼ばれていますが、現在起こっていると考えられている大量絶滅は、自然現象に起因した絶滅ではなく、私たち人間が引き起こしているものです。生き物の生息地を破壊したり、生き物を乱獲したり、環境を汚したり、外来種を持ち込んだりすることで、すべてが生き物に大きな影響を与え、生き物の絶滅が過去１０００万年の平均より10～１００倍も速く進んでいると言われています。

絶滅動物
ニホンオオカミ
ニホンカワウソ
絶滅危惧種
アムールトラ
レッサーパンダ
ガラパゴスペンギン
ボルネオオランウータン

生息地の破壊などは範囲が限られますが、気候変動は地球全体に影響を与えます。すみかを追われて別の場所に移動しなければならない場合もありますし、移動できない植物やサンゴなどは、環境の変化に耐えられず死んでしまうこともあります（１章コラム参照）。サンゴに共生している褐虫藻《かっちゅうそう》が失われるとサンゴは死んでしまいます。

分布は変わらなくとも開花や紅葉の時期が変わることも考えられます。気温が上がって、全国的に桜の開花時期が早まっています。これらは気候変動が生物に直接影響を与える例ですが、たとえば、雨が増えて陸から土砂がたくさんサンゴ礁に流れ込むようになり、サンゴが死んでしまう、といった間接的な影響も起こります。

こうした変化はこれまで地元で食べていた食材がなくなるなど、社会生活にも影響を与えます。私たちが生き物に影響を与えると、その影響は私たちへとかえってくるのです。

夏の高水温で白化した沖縄県宮古島のサンゴ。
（写真提供：日本全国みんなでつくるサンゴマップ、2016年）

●海の生き物を脅かす海洋酸性化という現象

現在の気温や水温は、１００年間ですでに０・８℃ぐらい高くなっており、生き物への影響がすでに現れています。図①は、気候変動によって影響を受けている生き物の割合をまとめたものです。

動物や植物などいろいろな生き物が影響を受けていますが、海の生き物の変化が大きいことがわかります。分布の変化の速度の平均値は、陸の生き物が年間０・６㎞であるのに対して、海の生き物では年間７㎞と一桁大きいことがわかっています。これは、海の生き物は、卵が海流によって運ばれたり、泳ぐことで遠くまで分布を広げることができるからではないかと考えられています。

■図① 気候変動によって影響を受けている生き物の割合

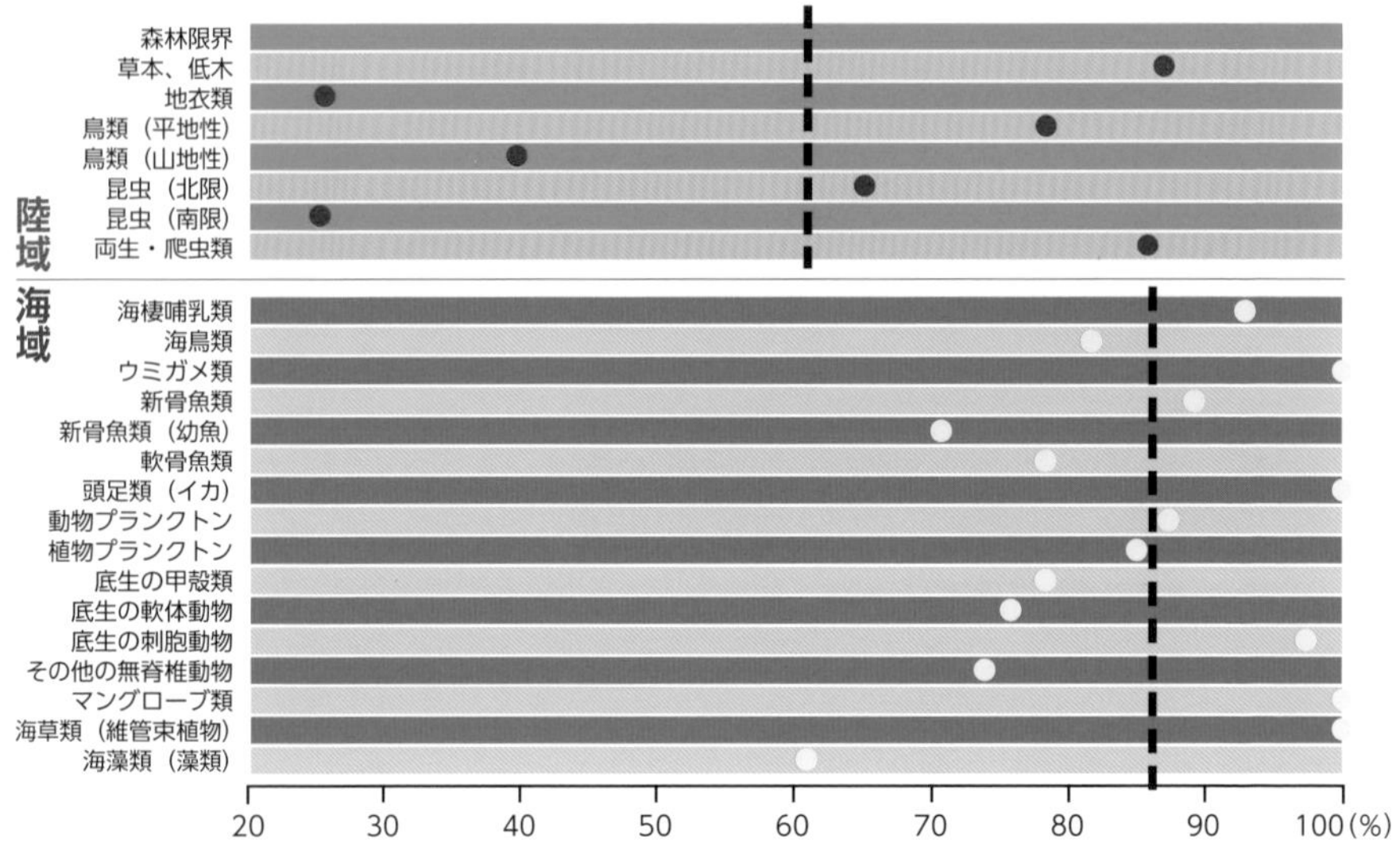

＊点線は陸と海の生き物の平均を示している。作成：熊谷直喜

海の生き物には、温度の上昇に加えて、〈海洋酸性化〉というもう一つの大きな気候変動の危機が迫っています。大気中の二酸化炭素が増え、温度の上昇と同時に海洋酸性化も進んでいることが明らかになっています。海洋酸性化とは、大気中の二酸化炭素が海中に溶け込んで海水が酸性化する現象で、海水はアルカリ性で、酸性になるわけではありませんが、酸性が強まるため海洋酸性化と呼ばれます。

この海洋酸性化が起こると、炭酸カルシウムの殻や骨ができにくくなります。現在のところは、海洋酸性化は大きな影響を与えるレベルではありませんが、このまま私たちが二酸化炭素を出し続けると、将来は海洋酸性化がますます進み、炭酸カルシウムの殻や骨をつくる貝やウニやサンゴに大きな影響を与えると予測されています。

●生き物をまもるために

気候変動の生き物への影響を知るには、長い間や広い範囲での観察が必要です。最近は、市民の人たちが観察したデータを集めるしくみ「いきものログ」や「日本全国みんなでつくるサンゴマップ」などができ、このデー

山野博哉（やまの・ひろや）
1999年より国立環境研究所に勤務。環境の変化に対するサンゴ礁の応答と保全策に関する研究。

◆参考リンク

・いきものログ

・日本全国みんなでつくるサンゴマップ

タを基に生き物の分布やその変化を明らかにする、市民科学と呼ばれる活動が増えてきました。

生き物の変化は、私たちが身近に知ることのできる気候変動の影響の一つです。市民科学の活動がさらに広がることによって、たくさんのデータが集まり、気候変動の影響など異変を知ることができます。そして、データに基づいて、将来どこにどの生き物が分布できるかを予測することができるようになります。将来の分布がわかれば、そこを保護区にしてまもるなど、保全活動につなげることができます。

生き物は気候変動以外にも生息地の破壊、乱獲、環境汚染、外来種の侵入などさまざまな影響を受けています。温室効果ガスの排出を減らすには時間がかかりますが、ほかの影響を減らすことは、場合によってはもっと早くできるかもしれません。

保護区をつくったり、気候変動以外の影響を減らしたりする活動は、生き物に対する〈気候変動への適応策〉と呼ばれていますが、生き物だけでなく、台風や高潮災害などさまざまなものに対して適応策を進める必要があります。適応策を進めるために、日本では「気候変動適応法」（2018年）がつくられています。

やってみよう！

・地元に長く住んでいる人に、生き物が変わったか聞いてみましょう。
・どんな生き物の保全活動が行われているか調べてみましょう。

Column 02

気候変動をめぐる懐疑論

「地球は温暖化していない」「もうすぐ寒冷期がくる」「温暖化していても CO_2 が原因ではない」「対策しても意味がない」といった話を聞いたことがないでしょうか。このように、みんなが信じている気候変動の常識がじつは間違っているという主張を、気候変動の「懐疑論」(または「否定論」)といいます。

科学において、常識を疑って考えを深めることは重要なことです。しかし、気候変動の懐疑論の場合には、科学を単純に無視していることが多いです。

たとえば、地球の平均気温が上がっている傾向は、世界中から集められた温度計のデータによって確かめられています。人が集まっている都市だけでなく、人が少ないところや海の上でも温暖化していることをデータは示しています。また、大昔の地球の気温の変化についても詳しく研究されており、2万年前にあったような寒冷期は、少なくともあと5万年くらい先まで来ないと予測されています。そして、最近の気温上昇のおもな原因は、CO_2 を始めとする温室効果ガスが人間活動によって増えたこと以外では説明できないこともわかっています。したがって、CO_2 の排出を減らす対策をすることはもちろん意味があります。

このような主流の科学の見解は、権威がある人が言っているから信用できるのではなく、世界中の専門分野の科学者が互いの研究結果を批判的に検討しながら積み上げてきたからこそ、信頼できるのです。懐疑論の側には同じような批判的な検討の積み上げがありません。

懐疑論がなくならない理由はいくつか考えられます。アメリカなどの国では、気候変動対策によって利益を失うことを恐れる産業界の一部が、大金を使って懐疑論をばらまいていることがよく知られており、それがインターネットなどを通じて日本にも入ってきています。気候変動の影響や対策について深く考えたくないと感じる人にとって、温暖化はウソだという説は都合がいいでしょう。気候変動にあまり関心がない人の中には、あえて人と違うことを言って面白がっている人もいるでしょう。

人間には、自分が信じたい話を信じやすいという傾向があります。しかし、懐疑論を信じている人たちだけでなく、あなた自身の考えもその傾向の影響を受けているかもしれません。気候変動の懐疑論に限らず、自分と違うものを信じている人に出会ったら、自分の考えの根拠をもう一度よく確認してみてはどうでしょう。

江守正多

えもり・せいた
国立環境研究所地球システム領域副領域長。同研究所社会対話・協働推進オフィス代表。専門は地球温暖化の将来予測とリスク論。

3

世界に求められている気候正義

11

気候危機に立ち向かうため、私たちには気候正義が必要だ

●気候変動の不平等

さまざまな研究によって、人間の活動によって大量に排出されてきた温室効果ガスが気候変動の原因であることが明らかになっています。世界全体が脱炭素化を行わなくては、もはや気候危機に立ち向かえませんが、過去を振り返ると、ほんの一握りの裕福な国や階層、大企業が大量の温室効果ガスを排出してきました。これは、〈気候変動に対する歴史的な責任〉と呼ばれています。

図①を見てください。世界の人口の半分は貧しい人びとですが、彼らが排出するのは全体の10%で、50%は人口のわずか10%の裕福な人によって排出されています。被害を受けている人びとは、気候変動に対応するための資金も技術も持ち合わせていません。これが気候変動に隠れている不正義や不平等です。

現在でも、温室効果ガスの排出量は国ごとに大きな差があり、私が暮らすフィリピンでは、2018年の1人当たりの温室効果ガスの排出は1・34メトリックトン（1MT＝1000kg）ですが、日本では9・42メトリックトンと、約7倍も排出しています（2018年、World Data Atlas）。

気候変動の影響を受ける人びとやコミュニティに対して、気候災害にも耐えられるような対

▩図①　世界人口と温室効果ガス排出量

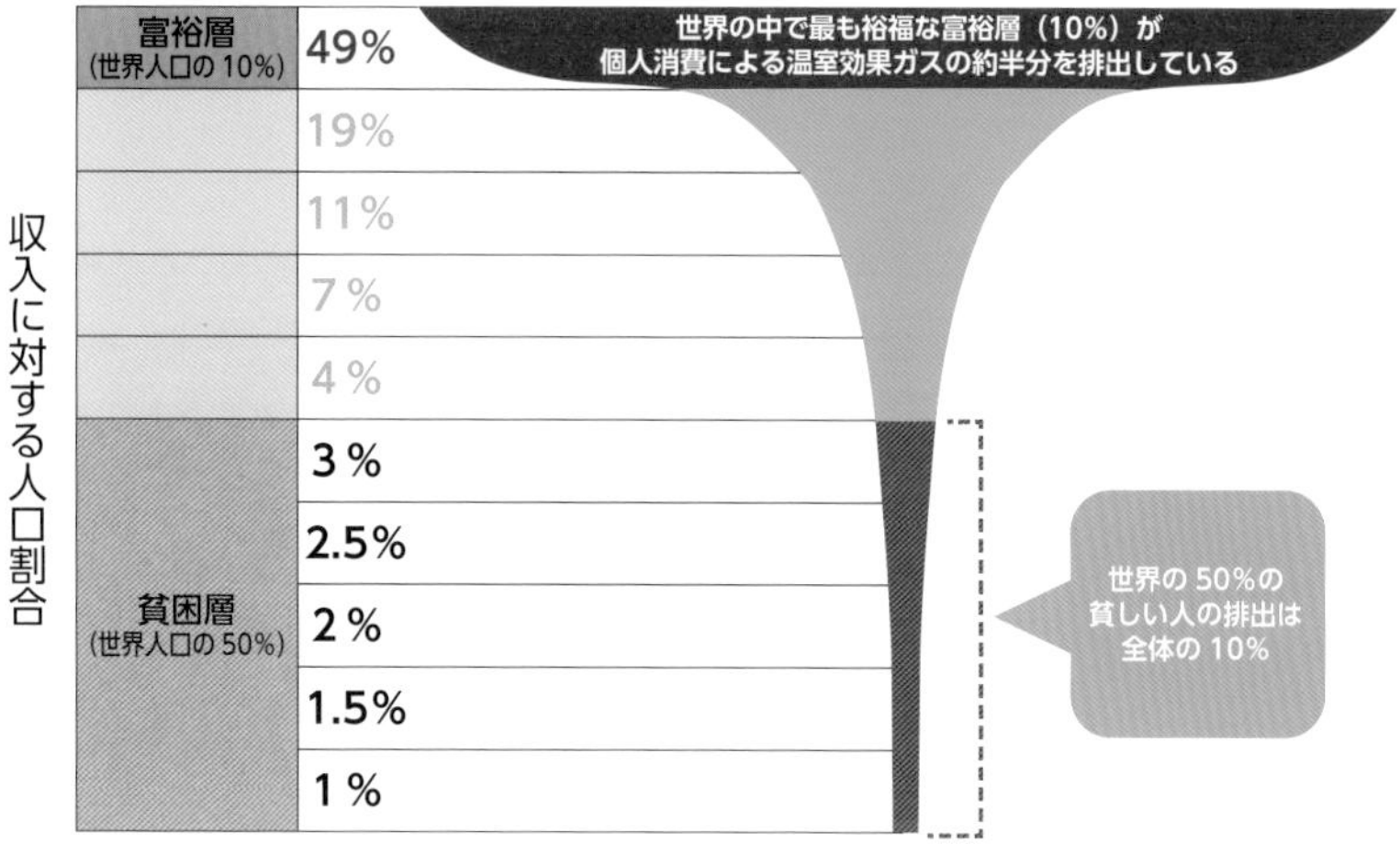
収入に対する人口割合
富裕層
(世界人口の10%)
貧困層
(世界人口の50%)
49%
19%
11%
7%
4%
3%
2.5%
2%
1.5%
1%
世界の中で最も裕福な富裕層（10%）が
個人消費による温室効果ガスの約半分を排出している
世界の50%の
貧しい人の排出は
全体の10%

出典：オックスファム"Extreme Carbon Inequity"（極端な炭素格差）2015

策や対応が必要です。そして、被害を受けている人びとには対応しきれない損失については、気候変動への歴史的責任が大きい先進国が補償する義務があります。

●「フェアシェア（公平な分担）」の原則

気候変動対策には「共通だが差異ある責任」という原則があります（項目⑮参照）。気候危機は先進国・途上国を問わず、すべての国で対応しなくてはいけない段階になっていますが、気候変動対策は、温室効果ガスを多く排出してきた国ほど実施すべきという考え方があり、これを「フェアシェア（公平な分担）」と呼んでいます。温室効果ガスを排出してきた責任の大きさに応じて、この対策の分担を「公正かつ公平」に行うべきだという、考え方です。

しかし、裕福な国や企業の中には、「フェアシェア」の原則を認めたくないというところもあります。気候変動に大きく加担している者がより多くの責任を取らないかぎり、気候変動による悲劇を防ぐことは不可能です。また、フェアシェアの原則には、途上国に対して資金や技術支援することも含まれます。気候変動に対する対応は、歴史的責任などを考慮したうえで、公正かつ公平に分担されなければなりません。

●気候正義、そしてシステム・チェンジ

気候変動は、温室効果ガスの大量排出や、二酸化炭素の吸収源である森林などの破壊だけが問題なのではありません。今、世界で行われている資源収奪や、生産と消費のシステムにも問題があります。現代社会は、利益のために多くの人を犠牲にし、生態系を破壊しています。大企業や、裕福な国による政策や習慣が、不平等な経済や社会の構造、国内での不平等、国の間での不平等を、拡大させているのです。

「気候正義」（クライメート・ジャスティス）というのは、気候変動への対策を通じて、家族やコミュニティ、子どもや若者、女性、労働者、農家や漁師、先住民族など、あらゆる人びとの健康や権利、尊厳を保障し、よりよい社会システムに変革していくという考え方です。こうした気候正義を実現するためには、すべての国で、そして国境を超えて、不平等なシステムを変えていくことが必要です。これを「システム・チェンジ」と呼んでいます。

地球の資源は有限です。持続可能な生産や消費の方法へと切り替える必要があります。また、一部の企業や人びとが利益を得る社会ではなく、すべての人の尊厳と人権が尊重され、大切な地球が守られる社会へと移行することが必要です。

●ジャスト・トランジションの実現を

「ジャスト・トランジション」とは、「公正＝Just」な「移行＝Transition」という意味ですが、温室効果ガスを低減する過程で起こってくるさまざまな経済的な問題や、労働者、地域社会が受ける影響を配慮し、支援するべきだという考え方です。

気候危機を食い止めるためには、温室効果ガスの排出をかぎりなくゼロに近づけ、化石燃料に依存しない社会へと速やかに変えていく必要があります。社会や経済の構造を変えていくとなると、この変化に伴って多くの人がそれまでの仕事を失ったり、家庭や生活のさまざまな面で影響を受けることになるかもしれません。そのような人びと、地域社会が社会から取り残されないために、新しい産業分野で働けるよう職業訓練などを提供したり、脱炭素のまちづくりに転換できるように支援するなどの配慮が必要です。

「ジャスト・トランジション」を実現するための支援として、労働者へのトレーニングの提供、移行期間に生じる負担の軽減などが提言されています。

COP24の会場で、システム・チェンジを求める市民たち

●今こそみんなで立ち上がろう！

気候変動は、現在、人類が直面しているたくさんの問題の中で、とても緊急性の高い問題です。気候変動によって環境が破壊され、住む場所を追われる人びとが生まれ、生物の命が奪われています（項目⑫参照）。多く

の政府や大企業は、気候変動対策の導入を始めていますが、そもそも不十分な目標や対策を掲げていたり、経済を優先して、むしろさらなる環境問題や人権侵害を引き起こす対策を推進している国や企業もあります（項目⑱参照）。

気候変動による取り返しのつかない悲劇を防ぐチャンスをつかむための時間は残りわずかです。将来によりよい世界を残すために、気候正義の実現に向けて、たたかい続けていきましょう。

リディ・ナクピル
フィリピン出身。気候正義や南北格差、途上国の債務問題に取り組む。途上国のメンバーを中心とした気候正義のネットワーク（Asian People Movement in Debt and Development、Demand Climate Justice）などの国際コーディネーターなどを歴任。

やってみよう！

・豊かな国や企業、階層の人びとと、貧しい国の人びとが受ける気候変動の影響にどんな違いがあるか考えてみましょう。
・「ジャスト・トランジション」のための支援の具体策を考えましょう。

12

1900回の災害と、2390万人の気候変動で難民化？

●気象災害で家を失う人びと

サイクロンや台風、熱波、干ばつ、洪水などの「気象災害」によって住むところを追われる人びとがいます。2019年には1900近い災害が起こり、2390万人が住むところを追われました。これは、19年に武力紛争などで家を失った人びとの、約3倍にもなります。

2019年に起こった気象災害によって住むところを追われた人びとが一番多かったのは、インドの500万人、次いで、フィリピンとバングラデシュが2位で、それぞれ410万人、そして3位が中国で400万人が住むところを失いました。ほとんどがモンスーンの降雨、洪水、サイクロンや台風によって避難しなければならなくなった人びとです。このアジアの4カ国で、全体の約70%以上になります（☆1）。

これは、海外だけで起こっている話ではありません。日本でも各地で毎年のように台風や豪雨、洪水などが起こり、人命や家屋、生計手段を奪っていきます。2018年7月には広島、岡山で台風7号による豪雨が、2万棟以上の被害を出し、3万人以上が避難しました。自宅が全壊した人びとは仮設住宅に住んでいますが、3年経っても、多くの人びとがまだ仮設住宅で過ごしています。仮設住宅の入居期限は延長されましたが、いずれ人びとは仮設住宅を出て、別の場所に転居しなければなりません。

家や財産を失った人たちが、新しい場所に移るのは簡単ではありません。長期の支援が必要です。

●村全体を移住させたフィジーの村

南太平洋にあるフィジーでは2020年、サイクロンによって、1万人以上の人びとが避難する事態が発生しました。南太平洋地域はサイクロンがあまり襲来しない地域だったのですが、2015年のサイクロンパム（ツバルの全人口／1200万人の約45％に当たる人たちが被災）、16年にはサイクロンウィンストンなど大型のサイクロンが上陸するようになり、フィジー、ヴァヌアツ、ツバル、サモア、トンガなど広範囲で大きな被害を受けるようになりました。

これらの地域は、海面上昇で農地に海水が浸入し、主食のイモ類が塩害で不作になったり、家屋への浸水によって居住できなくなり、新しい場所へ移り住む人びとがいます。フィジーでは、2014年から村全体で新しい土地に計画的に移住するケースも出ています。

フィジーで2番目に大きなヴァヌアレブ島にあるヴニドゴロア村は、漁業やタロイモなどの栽培で暮らしていましたが、2014年には、それまで住んでいた場所から約2.5キロメートル離れた、幹線道路を挟んだ山間に村全体で移住をしました。1970年頃から海面上昇の影響を受け始めて、1980年代から内陸の方に移住し、これが4回目の移住です。ヴニドゴロア村には33世帯が住み、150人ほどが住んでいます。長年住みなれた土地を離れるのを嫌がった年配の方たちもおり、移住するかどうか決めるまで村人全員での話し合いが10年近くかかりました。「移住にはとてもお金がかかる。フィジー政府に対して8年かけて交渉し、そのお金を政府が出してくれることになり、ようやく移住が実現した」とその村で19年村長をしているサイロシ・ラマツさんは話してくれました。

移住したことで、以前のように海面上昇の被害に悩まされることはなくなり、これまでは学校が遠いため、子どもたちは寮生活をしていましたが、新しい村では、バスで学校に通えるようになりました。

新しい村も自分たちの土地なので、自作農を続けることができますが、海から遠くなってしまったので、漁業から収入を得ることがむずかしくなりました。農業だけで暮らしていけるのかという、不安もあります。村長は、「未来のために私たちは村全体で移住をすることを決めた。移住することは簡単ではない。どこへ移住するのか、だれがその土地を準備するのか？ そのお金はだれが払うのか？ 考えなければならないことがたくさんある。だれも移住しなくてもいいようになればと思う」と話します。

先祖代々受け継がれてきた伝統的な漁業文化が失われてしまうことへの懸念もあり、村の伝統、文化をどう次の世代に継承していくかという新たな課題が生まれています。フィジーでは、ほかにも2つの村がすでに移住し、45の村がより山あいの安全な場所に移住することを考えていると言われています。

山あいに作った新しい村（フィジー）

●「気候変動難民」って？

1951年、「難民の地域に関する条約」（難民条約と呼ばれる）で、「難民」

の存在が定義されましたが、「人種、宗教、国籍、政治的な意見や特定の集団に属しているという理由で、その国にいると迫害を受ける、または迫害を受けるおそれがあるためにほかの国へ逃れた」人びとのことをいいます。

気候変動は、水、食料、生活手段、教育環境など、生きていくために必要なものを失うリスクを高くします。気候変動の影響でほかの国に逃れた人びとは、条約の難民の定義には入りませんが、気象災害が原因で住むところを追われ、まるで難民のように支援を必要とする人たちを、マスコミなどが「気候変動難民」と呼んでいるのです。

気候変動で、国がなくなるとたびたび報道されるツバルの人たちは、自分たちのことをそう呼ばれることをよく思っていません。もちろん、よい仕事を求めて家族で海外に移住したい人はいますし、国全体として他のより安全な土地へ移住することも考えるべきという意見の人もいます。しかし、多くの人は、現在住んでいるところに護岸工事や埋め立てなどを行って、経済的にも活路を見出し、これからも先祖から受け継いだ自分の土地で、ずっと生き続けることを望んでいます。この望みが叶うには、どうすればいいのでしょう？　これは、気候変動の影響を受けているすべての地域の課題です。

☆1　https://www.internal-displacement.org/global-report/grid2020/

やってみよう！

・村長さんが話してくれた移住するために必要な３つの点「どこへ移住するのか？」「だれがその土地を準備するのか？」「そのお金はだれが払うのか？」について、どうしたらいいか考えてみましょう。
・住んでいる場所を追われる人びとをなくすために、私たちにできることを考えてみましょう。

河尻京子（かわじり・きょうこ）
1996年より気候変動問題に関わり、地球環境市民会議（CASA）、全国地球温暖化防止活動推進センター（JCCCA）、気候ネットワークで勤務。2007年に初めてツバルを訪問し、ツバルオーバービューの活動に参加するようになる。2019年よりツバル駐在も経験。2021年1月まで理事を務めた。

13

「ジェンダー・ジャスティス」の視点から気候危機を考える

●いつも危機にさらされる女性たち

「ジェンダー・ジャスティス」という言葉を聞いたことがあるでしょうか？　ジェンダー・ジャスティスとは、簡単にいうと、すべての人が自分の性別に関わらず人権と尊厳を持って生きることができるということです。でもそれがなぜ、気候変動と関わっているのでしょうか。

国や地域、家庭によって、程度の差はあっても、育児や家事、家族の世話は大抵女性が行っています。とくに途上国では、干ばつなどの気候変動の影響は過疎地域に暮らす女性の生活を一変させます。女性は生活に必要な水を汲みに行くため、干ばつが発生するとそれまでより長い距離を歩かなくてはなりません。

気候変動によってアフリカでイナゴが大量発生しており、農業収穫量が減少しています。アフリカの貧しい女性の多くは、食料の生産にも携わっているため、ここでも男性より女性の方が影響を大きく受けることになります。

ひとたび大規模な災害が発生すると、コミュニティ全体が被害を受けますが、災害の現場、緊急避難先、長期にわたる避難生活の中でも、女性たちに過重な労働や、さまざまなストレスが押しかかってきます。女性は男性パートナーから外出許可を得なくては外に出られない国もあり、女性の避難が遅れてしまうこともあります。また避難所で性的暴力の被害にあうこともあります。日本の東日本大震災のときに、ある避難所では女性の声が取り入れられず生理用品が支援物資に入らなかったことがあったとも聞きました。2019年のサイクロン・イダイの影響を受けたモザンビークの貧しい女性や少女は、衛生用品や公的サービスにアクセスがないために、より健康被害を受けました。

しかし、気候変動対策や避難先の現場での意思決定は、多くは男性が担い、女性の権利はないがしろにされがちです。

●「性別役割分業」ジェンダーの不正義って？

私たちは、会社でも、家庭でも、コミュニティでも、プライベートな組織の中でも「これは普通、女性がやる仕事だよね」とか「これは男性だよね」と、無意識に役割を分担することが習慣になっています。しかし女性は、ほかの人の世話をしたり、料理をしたり、掃除をする能力がもともと備わっている訳ではありません。男性も、政治家や農家、ビジネスマンになるための自然な能力を兼ね備えて生まれてきた訳ではありません。

小さい頃から社会が決めた男性として・女性としての「自然」な役割が何かを教えられ、この役割を果たすよう社会や学校で教育されます。この女性と男性の役割分担が「性別役割分業」と呼ばれます。これは「社会的に作られた」役割で、「自然」な役割でも「生物学的」（身体的な特徴）な理由に基づく役割でもありません。

なぜ、この分業が生み出されたのでしょうか。それは不平等で不正義な社会構造に原因があります。

資本主義社会（現在の経済のあり方）において、多くの場合、女性は社会から見えないところで人の世話や料理、清掃といった労働を認められることなく無報酬で行っています。男性もこの女性の労働の恩恵を受けています。日本には「家内」という言葉があると教えてもらいましたが、この言葉が象徴しているように、女性が家の中にいて、家事を担っている状況が世界の多くの場所にあります。このような不平等かつ不正義な社会の構造を生み出すシステムのことを家父長制といいます。

2019年3月8日国際女性デーの日に集まったナイジェリアの仲間たち
写真提供：FoEナイジェリア

資本主義社会は、女性が無報酬で行っている家庭での労働（ケアワークと呼んでいます）の恩恵を受けています。女性が男性労働者（この労働者自身も搾取されている存在）やその子ども、年配者や病人のケアを無報酬で行うことで、経済は利益を生み続けています。つまり、おもに経済活動を行う男性を支えるケアワークを女性が無償で担うことで、社会は利益を得ているのです。

気候変動は、既存の課題や格差をさらに拡大させると言われています。前半で紹介したように、普段のジェンダー格差が、そのまま気候変動の影響の受けやすさに直結しているのです。ジェンダーの格差や女性への差別を解決しない限り、気候変動の影響格差も解決されません。

また同時に、気候変動も女性差別も、現在の経済や社会のあり方（システム）に一つの原因があります。女性の労働を搾取することで成り立っている資本主義は同時に、環境も破壊してきました。だからこそ、私たちは社会全体のシステムの問題と、ジェンダーと気候の不正義に同時に取り組まなくてはいけないのです。

●女性は、解決する力を持っている！

女性は、現在の社会システムの中で、十分な教育の機会や社会インフラへのアクセスを得られず、差別されてきました。しかし、それは女性が気候変動や社会システムの被害者でしかない、ということではありません。女性たちは、先住民族のコミュニティなどにおいて、自然や生態系と調和した生き方の率先者でした。社会に抑圧されてきた女性や若者、社会的マイノリティの人びとは、気候危機のただの被害者であるわけではなく、地域、自然、私たちの土地を守る重要な役割を果たす人びとです。

今の搾取に基づく経済である資本主義社会に対する解決策や代替策、たとえば、男性と女性と国（政府）でケアワークを分担すること、家庭内やコミュニティ内での女性に対する暴力をなくすこと、性別に関係なく就労や教育の機会が平等に与えられることを保障すること、気候変動に関する政策を決定するときに女性の声も必ず取り入れることなどを推進する必要があります。

やってみよう！

・気候災害が起こった際のジェンダーの不平等について、どんな場面や出来事があるか考えてみましょう。

セリア・アルドリッジ
ディプティ・バタナーガー
それぞれFoEインターナショナルのジェンダージャスティスプログラム、気候正義・エネルギープログラムのコーディネーター。

14

世界の子どもたちがアクションを起こし始めた！

●アクションはたったひとりから始まった

グレタ・トゥーンベリさん

「あなた方は、自分の子どもたちを何よりも愛しているといいながら、その目の前で、子どもたちの未来を奪っています」

これは2018年12月、「第24回国連気候変動枠組条約締約国会議」（ポーランドで開催）に集まっていた各国の政府代表団メンバーに向けられた、当時15歳だったスウェーデンのグレタ・トゥーンベリさん（2003年生まれ）のスピーチです。

グレタさんは、小学生の頃、世界の気候危機について学び、その深刻さに思い悩むあまり、食事が十分食べられなくなってしまったことがあったそうです。その一方で、グレタさんは、アメリカの高校で銃乱射事件（フロリダ州パークランド市、18年2月14日）が起こり、生徒たちが学校を休んで銃規制を訴える行動を行っていることを知り、気候変動に対する政策の強化を訴えるために、金曜日に学校を休んで、国会前に座り込むことを思いつきます。

両親は娘の心身を心配して反対したそうですが、グレタさんの意思は

■図① 世界中に広がるフライデーズ・フォー・フューチャー（2020年4月24日のアクション）

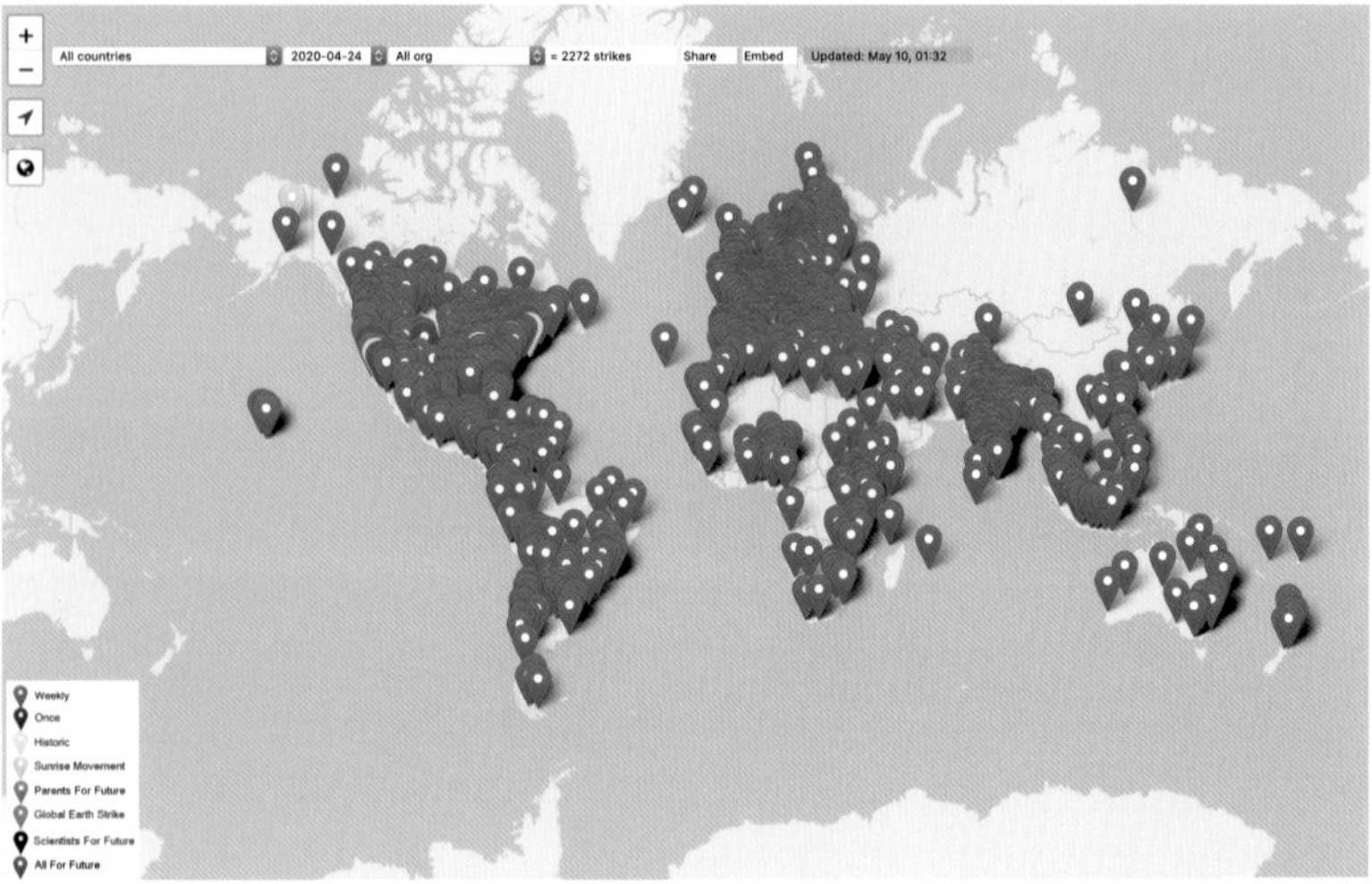

出典：Fridays For Future

固く、2018年8月に最初の座り込みを実行しました。座り込みを始めた頃は一人だけでしたが、彼女の行動に共感する仲間がふえ、その後2週間にわたって座り込みは続きました。

この行動は各国の若者にも伝わり、自分たちの町の市庁舎の前に集まって、気候危機を防ぐための対策をするように求めるようになりました。グレタさんが座り込みを始めてから2カ月後には、スイスやドイツ、オーストラリアでも数千人規模の子どもたちが、「気候危機から自分たちの未来を守るための対策をとってほしい」と、毎週金曜日に学校を休み、座り込みに参加するようになりました。

これが、「フライデーズ・フォー・フューチャー（未来のための金曜日）」の始まりです。その後も、アメリカやアジア、アフリカにも共感の輪は広がりました。

●フライデーズ・フォー・フューチャーの訴え

フライデーズ・フォー・フューチャーが訴えていることは、「科学者の声を聞くこと」、そして気候危機を防ぐために「行動を起こすこと」です。今、利益を優

先することで地球を壊している各国の政策や企業の行動をやめ、10年、20年、30年後の地球を守るために行動を変えるよう求めています。

こうした行動に対して、「子どもは学校へ行くべきだ」「大学で経済を学んでから発言すべき」など、気候危機を認めない政治家などから批判の声が上がりましたが、グレタさんは「国のリーダーのように社会を動かす力を持つ大人が、気候科学者の声に耳を傾け、気候危機を食い止めるために行動を取ってくれたら、私たちがみんなで気候変動活動家になる必要などなかったはず」と反論しました。

●日本のフライデーズ・フォー・フューチャー

日本でも2019年2月、高校生や大学生たちによる行動が国会議事堂前で始まりました。この行動を皮切りに、世界で一斉に開催される気候正義の実現を求める「グローバル気候マーチ」が開催されています。2月の国会議事堂前の参加者は少数でしたが、「国連気候行動サミット」の直前に開催された「グローバル気候マーチ」（9月20日）には、日本全国27カ所、計約5000人以上もの市民が参加しました。小学生から大学生までが友だちと一緒に参加したり、子どもたちを応援する大人たち、小さな子どもを連れた家族や、妊婦さんが夫婦で参加したりしていました。

東京では約2800人が集まった（2019年9月20日）

日本で初めての気候マーチ。思い思いのプラカードを持って（2019年3月15日）

「気候は変えず自分が変わろう」「私たちの地球の代わりはない（There is no planet B）」など、参加者はそれぞれのメッセージを書いたプラカードを持ち、道行く人びとに「気候変動に意識を向け、みんなで行動を起こそう」と訴えました。

マーチに参加した多くの人が「友だちと参加して、こんなに楽しいとは思わなかった」「初めての参加だが、未来のために地球を守ろうとみんなと一つになった感じがした」「気候変動は深刻な問題だけれど、変えていこうと前向きな気持ちになれた」「デモのマイナスなイメージが変わった」「また参加したい」と感想を語っていました。

この日の「グローバル気候マーチ」は、世界で185カ国400万人が参加し、気候変動対策を訴えるデモとしては過去最大規模になりました。

その後も、2020年2月、日本でのフライデーズ・フォー・フューチャー発足一周年を記念して、「学生気候危機サミット」が開催されました。高校生や大学生らが主体となって企画したサミットでは、全国から約80人の高校生や大学生が集まり、企業や政府、地方自治体、学校に、気候危機を防ぐための行動を起こしてもらうためにどのような活動を行っていくかが盛んに話し合われました。

サミットの最後には、これからやっていきたいことを発表する時間があり、「自分の学校のパワーシフトを進めたい」「地元でもグループを立ち上げたい」「学校で気候変動の授業をしてくれるようにお願いする」「部活でマーチに参加することが難しい分、金曜日のランチタイムは環境について話す校内ピクニックを始めたい」など、身近なところから始まるユニークなアクションが提案されました。

そして2020年5月現在、日本では北海道から沖縄まで、約30の地域でフライデーズ・フォー・フューチャーの仲間たちが活動しています。

●グレタのメッセージ

最後に、気候正義のために立ち上がるきっかけを作ったグレタさんの言葉をもう一つ紹介します。

「変化は政府や企業からはもたらされない。変化をもたらすのは私たちであり、私たち自身が希望です。2020年からの10年が、未来を決めます」

世界中の人びとを勇気付けたグレタさんも、最初はひとりでした。読者のみなさんも、ぜひ、グレタさんのメッセージを聞いてみて、この本を片手に、友だちと気候危機について話してみてください。

やってみよう！

・グレタ・トゥーンベリさんのスピーチを聞いてみましょう。
・近くのフライデーズ・フォー・フューチャーの活動に参加してみましょう。

高橋英恵（たかはし・はなえ）
FoE Japanスタッフ。2018年より横須賀石炭火力発電所の建設中止を求める運動、気候正義に関する発信など、気候変動やエネルギーの課題に取り組む。

◆参考
・Fridays For Future Japan
・Fridays For Future

Column 03

なぜ私がアクションを起こしたのか

フライデーズ・フォー・フューチャー（FFF）は2018年8月、グレタさんが気候変動対策の強化を求めた行動から始まりましたが、今日本でも高校生・大学生が中心に活動が始まっています。

中学生の頃から、地球がなくなってしまったら何もかもが無意味になるのに、なぜ気候変動問題への真剣な話し合いや対策がとられないか、疑問に思っていました。私たちの生活が地球に負荷をかけ、科学的にも危機が迫っていると証明されているにも関わらず、「まだ大丈夫」と思っている人びとがいます。私は、人びとに危機が迫っていることを知らせ、問題が認識されることに対して重要性を感じていました。

気候変動問題に取り組みたいと思い、大学3年生のとき、国際環境NGOでインターンを始めました。インターンとして活動する中で、市民への働きかけと同時に、政府や企業に対しても声を上げなくては、気候変動問題の根本的な対策をとることはできないと考えるようになりました。政府や企業は私たちと同じくらいの危機感を持つべきであり、もっと多くの人が声を上げる必要があると思っています。

たとえ声を上げる活動に参加できなくても、一人ひとり、科学者が言う事実を受け止め、当事者意識を持って、できることから始めてほしいと思っています。

気候変動について調べて何が起こっているのかを学び、そのことを身近な人に話してみる、ライフスタイルを見直してみる、そんなことから始めませんか。

小出愛菜

こいで・あいな
フライデーズ・フォー・フューチャーの活動家。立正大学4年生

4

政策が変わらないと
気候変動はとまらない

15

パリ協定で決まったこと

●これまでの気候変動への国際社会の対応

気候変動の原因である温室効果ガスは、すべての国から排出されます。気候変動による影響もすべての国で生じます。そのため、気候変動への対応を決めるためには、すべての国の参加が不可欠です。

1980年代以降、国連で話し合いが進められ、1992年、気候変動に関する初の国際合意である「国連気候変動枠組条約」が採択されました。世界のほぼすべての国がこの条約の加盟国となり、今でも年に1回、締約国会議（COP）を開催し交渉を続けています。後で紹介する京都議定書やパリ協定も、「国連気候変動枠組条約」の下に位置付けられています。

主要な温室効果ガスである二酸化炭素は、石炭や石油などの化石燃料から排出されます。先進国は、エネルギーの大量消費によって豊かな生活を実現しましたが、多くの途上国では、これから豊かになろうとしている状況で、気候変動が議論されるようになったのです。

先進国は、「これから排出量が増える途上国での対策が必要だ」と考えましたが、途上国は、自分たちにも経済成長する権利があり、先進国が先に排出削減しなければ不公平だと主張しました。この途上国の不公平感をどのように解消していくかという点が、国際交渉の最大の争点でした。

１９９７年、第3回締約国会議（ＣＯＰ3）で採択された京都議定書では、先進国に限定して、２０１２年までに達成すべき排出削減目標が設定されました。しかし、その後、かつては途上国と呼ばれていた国々の中でも経済発展を遂げる国が現れ、温室効果ガスの排出量を増やしていきました。もはや先進国だけに排出削減義務を設定しても、地球全体の排出量削減に至らないため、新しい国際合意が必要な段階になってきました。

●パリ協定とは何か

京都議定書の採択から18年が経過した２０１５年、第21回締約国会議（ＣＯＰ21）でパリ協定が採択されました。

このパリ協定は、気候変動が人類と生態系にとって深刻な事態にならないように、産業革命前の平均気温と比べて、世界全体で2℃未満（できれば１・５℃まで）に気温上昇を抑えるという長期目標を掲げています（項目❽参照）。

１・５℃という目標を達成するためには、世界全体の温室効果ガス排出量を２０５０年頃までに実質ゼロにしなくてはなりません。「実質ゼロ」というのは、排出量と森林・海洋などが吸収する分の差し引きがプラス・マイナス0ということを意味します。このような大幅な排出削減と、吸収源を作り出す目標に向けて、先進国か途上国かに関わらず、自国の排出削減目標を設定し、目標達成に向けた政策を作ることになっています。

排出削減目標は5年ごとに見直し、長期目標達成に不十分と判断された場合には、よりきびしい削減目標設定が求められます。排出削減目標の水準をどのように決めるかは各国の自主性に任されていますが、途上国も十分な対策に積極的になれるよう、先進国が率先して技術開発などを進める必要があることは言うまでもありません。

また、パリ協定では、今後のさらなる気候変動を抑制するための排出削減だけでなく、過去に排出された温室効果ガスによって生じているさまざまな異常気象から身を守るための対策（適応策）を計画することも求めています。より温暖な気候で育つ作物の育成や、洪水になりやすい場所を居住地としないなどが適応策の一例です。

さらに、適応策を実施しても被害を受けてしまった国を対象として、損害を補償する制度がパリ協定の下で議論されています。今後は海面上昇などで小さな島国の人たちが難民となる可能性があるため、そのような人びとの受け入れなども視野に入れた議論が始まっています。

●パリ協定が合意された背景

何年もまとまらなかった国際交渉が2015年に合意された背景には、2つの理由が挙げられます。

第1には、気候変動への不安があります。これまでは、将来気候変動が起こると科学者が予測しても、予測が正しいことを証明する手段がありませんでした。しかし、近年、昔よりも猛暑や暖冬、集中豪雨が増えたという経験を経て、気候変動が本当だと理解し、パリ協定に賛同

パリ協定採択の瞬間
（出典：https://enb.iisd.org/climate/cop21/enb/）

する人が世界全体で増えたのです。

第2には、技術開発の進展があります。太陽光や風力などの再生可能エネルギーは、エネルギーを利用しても二酸化炭素を排出せずに済みますが、技術が不十分だったため、高い費用を支払わなくてはなりませんでした。その場合、人びとはより安い石油や石炭を選びがちです。しかし、ここ10年ほどの間に、再生可能エネルギー関連の技術が大幅に進歩しました。産業がさらに伸び、値段が安くなったことが挙げられます。最近では、途上国を含め多くの国で、再生可能エネルギーを安く導入できるようになりました。

●残された課題

パリ協定が採択された後、各国は2030年前後の排出削減目標を設定しました。しかし、各国の削減目標を全部足し合わせてみると、2℃ないし1・5℃以下をめざすには削減量が足りないことが明らかでした。長期目標の達成には、すべての国が、いったん決めた目標をよりきびしいものに修正しなくてはなりません。しかし、今のところ日本を含む多くの国は、いったん掲げた2030年目標をよりきびしいものに修正するのは困難だとしています。

今後、さらなる排出削減に合意するための鍵は、「持続可能な開発目標（SDGs）」です。SDGsは、2015年に国連で定められた、国が持続的に発展し続けるためにめざすべき17の具体的な目標です。未来にわたって健全に豊かな生活を維持するには、環境保全、社会的な安定性、経済成長の3つが、すべて同時に達成される世界を作っていかなくてはなりません。つまり、排出削減だけのためでなく、人びとの豊かな暮らしを同時に実現できる気候変動対策が増えれば、途上国の人びとにも率先して受け入れられるようになります。

小規模の太陽光発電パネルを屋根に設置することで、再生可能エネルギーが普及すれば、家の中で薪を燃やさずに調理したり、子どもたちが家の中で勉強したりすることができるようになります。また、森林保全や植林を促進することで、二酸化炭素が吸収されるだけでなく、土壌の保水機能を高める、生態系が保全されるといった利点があります。このように、複数の目標を同時に達成できるような気候変動対策を早期に実現していくことが求められています。

亀山康子（かめやま・やすこ）
国立環境研究所社会システム領域領域長。国際関係論専門。気候変動に関する国際合意をテーマに研究。

やってみよう！

・パリ協定で示された目標を実現するためには、世界は何をしなくてはならないか調べ、考えてみましょう。

16

世界中で広がる気候訴訟

●気候変動問題における裁判所の役割

2019年12月20日、オランダの最高裁判所は、オランダ政府に対し、温室効果ガスを1990年比で25%削減するよう命じる判決を下しました。この裁判は2013年、900名近いオランダ市民と、環境保護団体「アージェンダ財団」が提起したもので、7年間の法廷での闘いの成果でした。

世界各地で、気候変動問題の対応を政府に求める「気候変動訴訟」が起こされています。国連環境計画の報告書（☆1）によれば、気候変動訴訟の数は884件（2017年3月現在）に上り、より強力な気候変動対策を求める声が、各国の裁判所に押し寄せています。

多くの国で、国会や行政機関は、気候変動対策に及び腰です。その背後には、気候変動対策によって大きな影響を受ける電力会社などの大企業が、政治家に対して大きな影響力を持っていることがあります。これは、日本に限った現象ではありません。

裁判所＝司法機関は、多くの国において、憲法上、一定の独立性を与えられており、法律と良心だけにしたがって、政府の意思決定が憲法や法律に従っているかを審査するものとされています。長年にわたり気候変動が私たちにとって大きな危機であることが報告されているにも関わらず、政府による気候変動対策はなかなか進展しません。人びとは、裁判所のこの独立性

による解決に期待を寄せているのです。

日本には、国会が「立法権」、内閣が「行政権」、裁判所が「司法権」を持ち、この3つの機関がお互いに独立して権力のバランスをとる「三権分立」のしくみがあります。裁判所には、立法機関（国会）と行政機関（内閣）が行った意思決定について、それが憲法や国際条約、法律に照らして違法ではないかをチェックする役割があります。

私たちが選挙で選出した国会議員が、温室効果ガスの削減のために必要な政策を法律として作り、これを環境省やエネルギー政策を担当する経済産業省などの行政機関が実施するのが、理想です。この理想が実現しないとき、裁判所で争うことになります。

●人権問題としての気候変動

裁判所には、「何が望ましい気候変動対策か」を決定する権限があるわけではありません。民主主義の国において、政策を決定するのは選挙によって選ばれた代表者からなる国会と、国会が作った法律の実施を担当する行政機関です。独立性を有する裁判所が、政策上の選択を自ら行うことは、三権分立の考え方からは認められていません。

それでは、なぜ裁判所が、政府に対し一定の気候変動対策を命じる判決を出すことができるのでしょうか。そこには、気候変動による変化が人権侵害を引き起こすという認識が、法律家の間で広がっているという背景があります。私たちは、生まれながらにして、生命と自由を確保し、それぞれの幸福を追求する権利（人権）を持っています。各国の憲法や、世界人権宣言・国際人権規約などの国際的な約束で、政府は人権を尊重しなければならないことが定められています。裁判所の役割の一つは、政府による人権侵害を止めさせ、人びとの人権を確保することなのです。

気候変動は、熱波、洪水、竜巻などの異常気象や、温度上昇による食糧生産への影響、疾病の増加など、私たちが生きる基盤そのものを破壊しかねません。憲法や国際人権条約で認められている人権のもっとも中核にある「生命への権利」が、異常気象による影響という、すでに目に見える形で侵害されようとしています。

オランダ最高裁の判決は、「生命への権利」を根拠に、オランダ政府に温室効果ガスの削減を義務付けました。個人の生命に危機が生じている際には、「生命への権利」に基づきオランダ政府は生命を保護するための適切な措置をとらなければならず、そこには気候変動による危険を回避するための措置も含まれるとしたのです。

アメリカの裁判所も、2015年の判決（ジュリアナ訴訟）で、「人間の生活を維持できる気候システムへの権利」は、アメリカ合衆国憲法が保障する人権の一つであると明記しました。気候変動の影響を人権侵害と捉える考え方は広がりつつあり、これが裁判を通じて気候変動への取り組みを強化させようとする世界的な動きにつながっています。

東京地裁へ集まった横須賀石炭火力訴訟の原告たち（2019年5月27日）

●若者が主役！

世界で取り組まれている気候変動訴訟の中には、若者が原告となり、中心的な役割を果たしているものが多くあります。大きな損害をこうむることになりかねない若者が、声を上げ始めているのです。アメリカの「ジュリアナ訴訟」も20人の若者が原告となって、政府に気候変動対策を求めました。その一人、裁判の名前にもなっているジュリアナさんは、裁判が提訴された当時19歳でした。オレゴン州に住み、生活の基盤である河や海、州内の食料生産が気候変動によって脅かされると訴えました。裁判においても、若者が主役となり、気候変動問題の解決を求めています。

日本でも、訴訟を通じて気候変動問題に取り組む動きが生じています。２０１１年の東日本大震災後、温室効果ガスの排出量が大きい石炭火力発電所が、多数計画されてきました。仙台市や神戸市、横須賀市では、周辺の住民が新規建設の取り止めや、政府の許可の取り消しを求めて訴訟を起こしています。神戸や横須賀の訴訟では、子どもも原告の一員になっています。

もちろん、裁判だけで気候変動問題を解決できるわけではありません。それでも、若者たちが訴訟の原告となって立ち上がり、裁判所を通じて気候変動の被害の深刻さを訴え、その姿が広く報道され知られることで、多くの人が気候変動問題に取り組むきっかけとなることも期待されています。

☆1 United Nations Environment Programme, The Status of Climate Change Litigation: A Global Review (2017),https://wedocs.unep.org/bitstream/handle/20.500.11822/20767/climate-change-litigation.pdf?sequence=1&isAllowed=y

やってみよう！

・日本で提起されている気候変動訴訟は、だれが何を求めているのか調べてみましょう。
・実際の裁判を傍聴してみましょう。

福田健治（ふくだ・けんじ）
弁護士。早稲田リーガルコモンズ法律事務所所属。日本弁護士連合会「気候変動プロジェクトチーム」の一員。

17

世界からブーイングを受ける日本の石炭火力政策

●石炭火力発電所を止められない日本

じつは今、日本の発電量の約4分の3は火力発電所によるものです。火力発電所の燃料は石油、石炭、天然ガスなど化石燃料で、たくさんの二酸化炭素を大気中に出しています。中でも二酸化炭素の排出量が大きいのが「石炭」で、天然ガスの2倍以上の二酸化炭素を排出します（図①）。今、二酸化炭素の排出を減らすためには、石炭火力発電所の発電を止めることがもっとも有効です。

また、石炭火力はSOxやNOx、水銀、ばいじんといった有害物質を排出しますので、石炭火力を止めれば大気汚染問題なども同時に解決できます。さらに、日本はオーストラリアやインドネシアなど海外から石炭をほぼ全量輸入しており、採掘や運搬時の環境破壊や過酷な労働が人権侵害を引き起こすことも懸念されています。

太陽光や風力など自然エネルギーで電気を作る方法に置き換えていけば、海外の資源に依存することなく、自国の天然資源で二酸化炭素を出さずに電力をまかなうことができます。

しかし、日本には現在160基以上も石炭火力発電所がありますが、2020年以降、さらに17基が稼働する予定です。それは政府が石炭を「重要なベースロード電源」だと位置付けているからです。今、石炭火力発電所を増設する計画を持っている国は先進国では日本だけです。

図① 火力発電のCO_2排出量

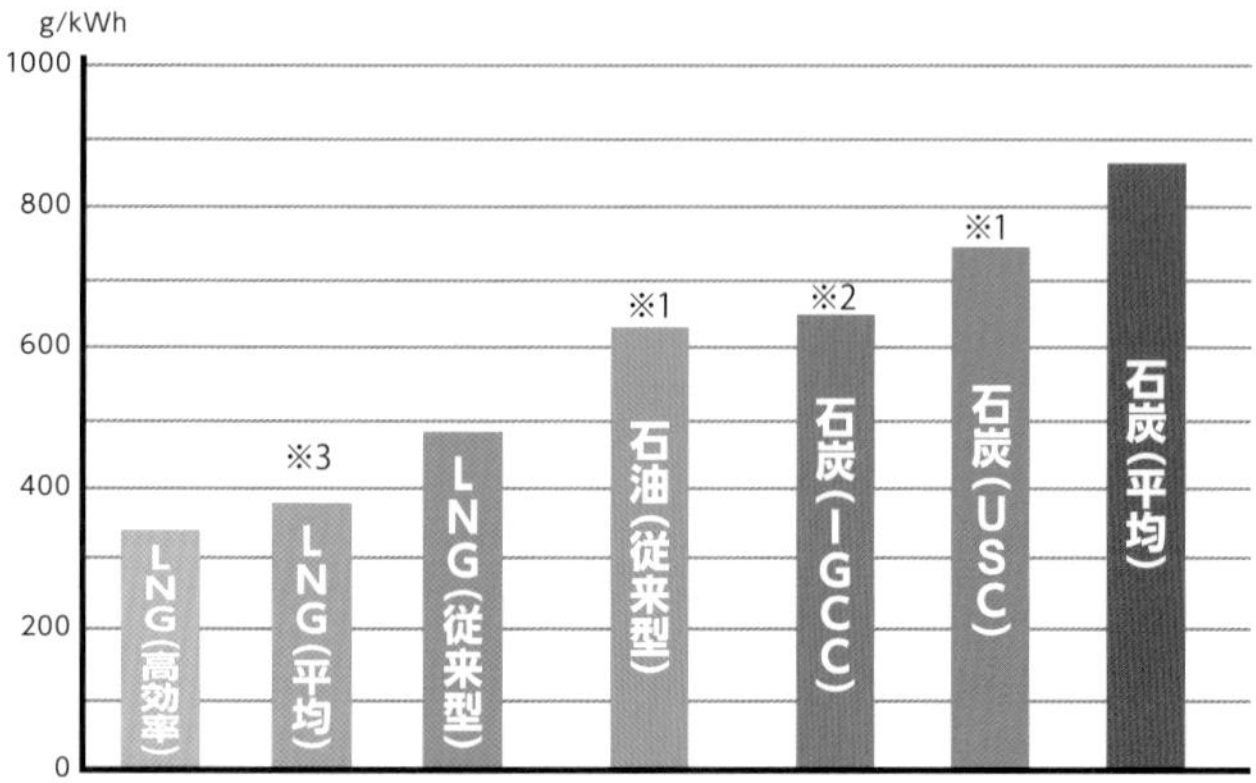

※1 横須賀の石炭火力発電所の CO_2 排出係数 749g-CO_2/kWh
旧横須賀火力発電所（石油）の CO_2 排出係数 627g-CO_2/kWh（環境影響評価準備書）
※2 石炭ガス化複合発電（IGCC）広野・勿来の CO_2 排出係数 652g-CO_2/kWh（環境影響評価準備書）
※3 LNG 火力の排出係数：LNG（高効率）はガスタービン複合発電（GTCC）340g-CO_2/kWh
資源エネルギー庁 火力発電に係る判断基準ワーキンググループ配布資料より

出典：気候ネットワーク

国連のグテーレス事務総長も日本を念頭に「石炭中毒」の国は、早く石炭依存から抜け出すべきだと警告しています。

●化石燃料から脱却する世界

2017年11月、イギリス政府とカナダ政府が中心となって、石炭火力発電をできるだけ早期に全廃し、自然エネルギーへの移行を進めるための連合体「脱石炭連盟（PPCA）」を発足し、国や自治体・企業などに参加を呼びかけました。イギリスは2025年までに、カナダは2030年までに、国内にある石炭火力発電所を全廃することを決めています。

現在、この「脱石炭連盟」には、フランス、ドイツ、イタリアなどを含む34カ国、33自治体、44企業・団体が参加しています。アメリカでも、ニューヨーク州やカリフォルニア州、ハワイ州など州政府として参加し、石炭火力発電所全廃を宣言している自治体があります。

「脱石炭連盟」に参加している国や地域では、遅くとも2030年までには石炭火力発電所を全廃する方針を打ち出しているのです。

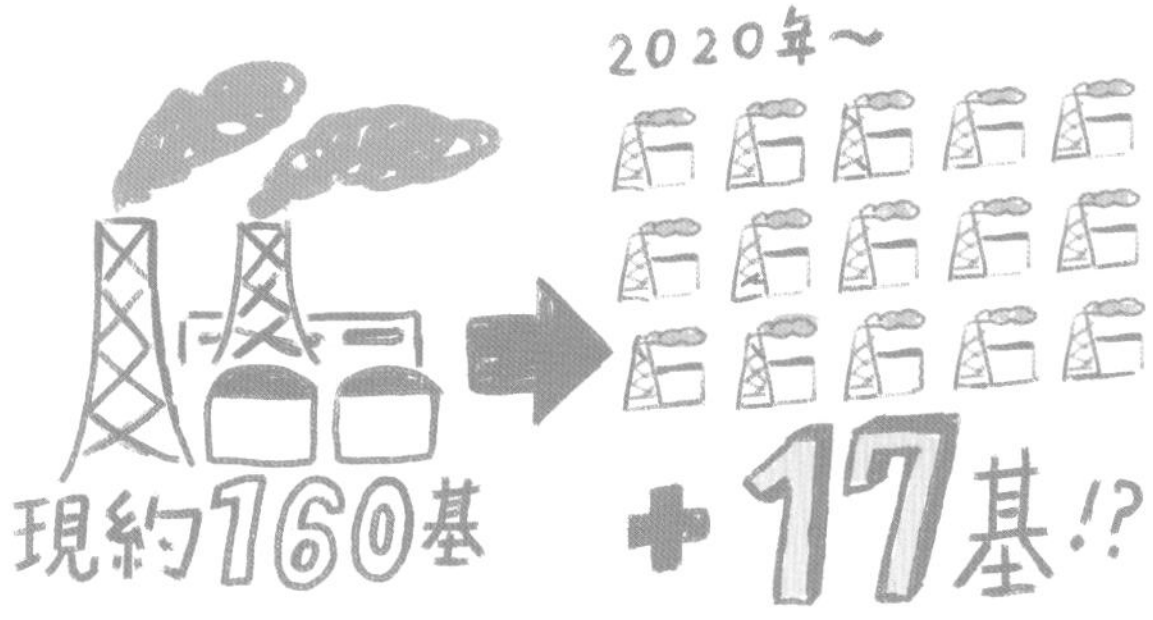

また、化石燃料に関係する企業には投資や融資するのを止めようという〈ダイベストメント（投資撤退）〉の動きが世界では広がっています（項目㉚参照）。気候変動によるさまざまなリスクは、人類の生存を脅かし、経済活動にとっても最大の脅威だと考え、化石燃料を使わない社会をつくるために、お金の流れをかえ、経済活動にとってもよい循環をつくっていこうという動きなのです。

●日本が石炭火力にこだわり続ける理由

日本政府は、「日本の石炭火力発電所は効率がよいから、CO_2の削減につながる」と言い、途上国の中には電気が足りない国があるので、日本の効率のよい石炭火力を輸出して支援することができるとも言っています。たしかに古い火力発電所と比べたら、新しい発電所は、多少は二酸化炭素の排出が少なくなっていますが、その排出量の減少はごくわずかで、石炭を燃料に使っているかぎり、どんなに機械の効率が高まっても、火力発電所からたくさんの二酸化炭素が出てくるということに変わりはありません。

電力が足りない途上国を支援するのであれば、石炭火力発電所である必要はありません。自然エネルギーを広げることに支援すればよいのです。途上国で農業や漁業を営んでいる人たちは、日本の石炭火力発電所が建設されることに対して、強く反対しています。気

石炭発電所の建設計画を進めていた企業の本社前で、住民たちが反対のアクションをし、計画は中止になった（2018年）

候変動を引き起こすだけではなく、周辺地域に汚染物質をまき散らすことになるからです。地域で生活を営む人たちの声にもっと耳を傾けるべきでしょう。

日本が石炭火力発電所にこだわる本当の理由は、そこでお金もうけをしている人（企業）がいるからです。また、そうした企業に有利になるように政府が政策や制度をつくっており、制度やお金の流れを変えられないからです。未来の子どもたちの環境を奪ってまで、石炭火力発電所でお金もうけをすることは許されることではありません。気候変動を止め、環境にやさしい企業を育てていくことが必要です。

●いま、どんな変化が必要か

日本のエネルギーや気候変動に関わる政策は、経済界の主張そのものです。未来の子どもたちや気候変動の危機を止めることよりも、今この時代にお金もうけができるかどうかの方が優先されてしまっています。「いや、それではダメだ」と思ったら、きちんと声を上げ、政治家や事業者などに対して、あきらめずに声を届けていくことが必要です。これまで石炭火力発電所の建設予定地では、住民たちがグループをつくって反対の声を上げてきました。高砂市、千葉市、袖ケ浦市などでは、住民たちの反対の声があったことで、計画が中止になった例もあります。

気候の危機を回避するためには、日本も先進国として、２０５０年までには二酸化炭素の排出をゼロにしなければなりません。そして、遅くとも２０３０年までに国内の石炭火力発電所をすべて止めなければなりません。

私たち市民にできることは、新聞に投書する、政治家に手紙を書くなど、いろいろな形で声を上げていく方法はあります。また、環境団体とともに意見を言ったり、署名に参加したりという方法もあります。市民の行動を変え、市民の主張もしっかり政治に反映される社会をつくることで、気候変動政策も変えていくことができるはずです。

桃井貴子（ももい・たかこ）
気候ネットワーク東京事務所長。気候変動・エネルギー政策に関する政策提言や市民啓発活動に取り組む。

やってみよう！

・自分の家に一番近い火力発電所はどこか？　そこが出しているCO_2の量を調べてみましょう。

18

気候変動対策の落とし穴はどこにあるか？

●環境破壊をもたらす恐れのある気候変動対策

みんなが「これは気候変動対策にいい！」と思っている対策の中にも、じつは環境や社会に悪影響をもたらす対策があります。ある一面では温室効果ガスの排出削減対策になるように見えても、人権侵害や森林破壊など、別のかたちで問題が起こるというようなケースもあるのです。

いったいどのような対策が要注意なのでしょうか？

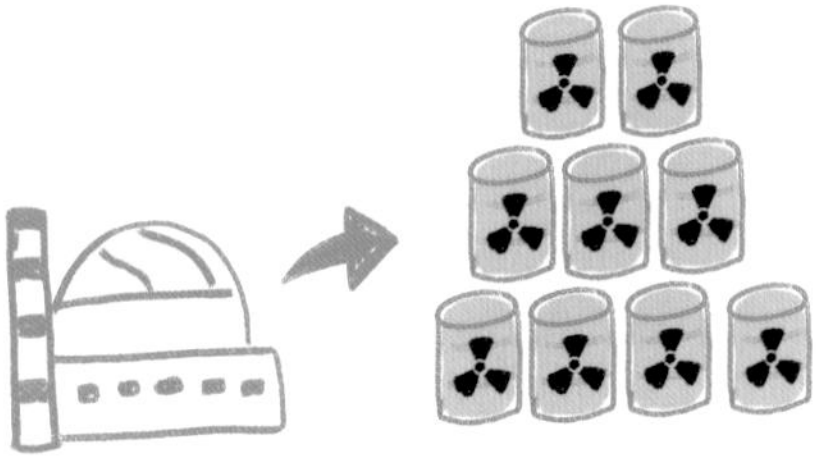

●原子力発電

原子力発電は、発電時の二酸化炭素の排出が少ないので、気候変動対策にもなるといわれてきました。しかし、核のごみ（放射性廃棄物）など、解決策のない深刻な問題を抱えています。すでに生じている核のごみは、大きな負担として未来に残り続けます。

さらに、事故が起こった場合の影響は計りしれません。2011年3月の福島第一原発事故では、多くの方が生活や生業を失い、家族がバラバラになってしまった人もいました。人びとの暮らしを脅かす原子力発電は、「気候変動対策」として位置付けるべきではないことは明らかです。

●大規模バイオマス発電

バイオマス発電とは、生物由来の燃料を利用するため自然エネルギーとされています。しかし、プランテーション栽培されたパーム油やパームヤシ種子殻、北米やロシアなどからの木質チップなどを輸入して、これらを燃やして発電しようという大規模バイオマス発電は、はたして気候変動対策といえるでしょうか。生物多様性豊かな原生林が切り開かれ、海外の森林を破壊してしまったり、森とともに暮らしていた先住民族から土地を奪い、生計手段を奪うという人権問題を引き起こしてしまったり、また、そもそも食糧を生産するための土地が、発電の燃料の栽培のために使われ、食糧危機をもたらしたりする可能性もあります。

日本へ輸入される木質チップの原料となる木材

●炭素回収貯蔵（CCS）

炭素回収貯蔵（CCS）とは、空気中から炭素を回収し、貯蔵する技術です。一見、画期的な技術に見えますが、回収した炭素を埋めるためには広大な土地が必要になり、地中や海底に貯蔵した炭素の処理は、次世代の課題になります。実用するにはコストが高く、実現の見通しが立っていません。また、バイオマス発電の燃料となる作物を大規模に栽培し、発生した二酸化炭素を回収貯蔵するBECCSという方法も注目されていますが、大規模バイオマス発電事業で心配される問題をもたらす恐れがあります。

●国際炭素取引市場

国際炭素取引市場のしくみには、おもに「キャップ・アンド・ト

■図① カーボン・オフセット事業による現地への影響事例

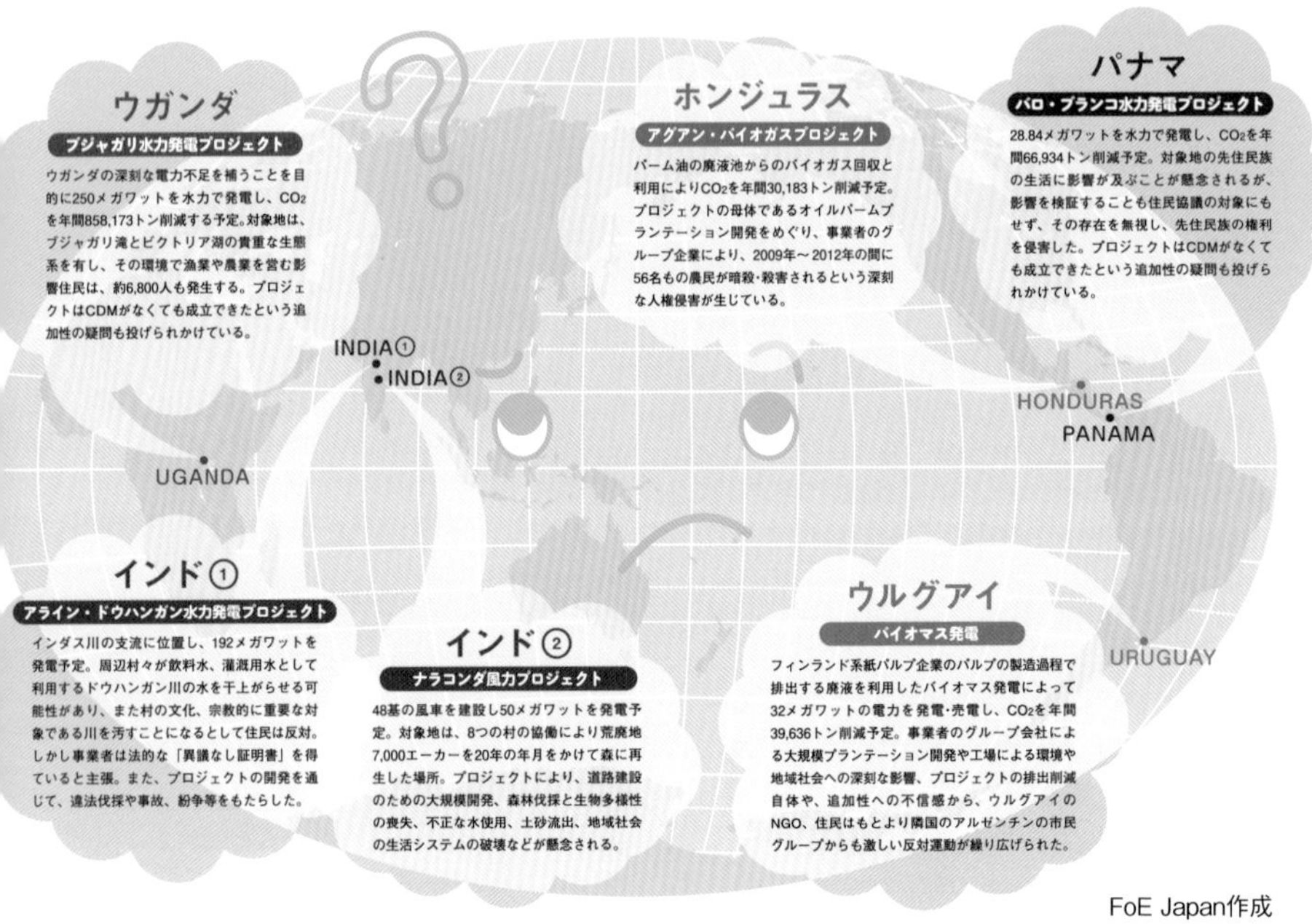

ウガンダ
ブジャガリ水力発電プロジェクト
ウガンダの深刻な電力不足を補うことを目的に250メガワットを水力で発電し、CO_2を年間858,173トン削減する予定。対象地は、ブジャガリ滝とビクトリア湖の貴重な生態系を有し、その環境で漁業や農業を営む影響住民は、約6,800人も発生する。プロジェクトはCDMがなくても成立できたという追加性の疑問も投げられかけている。
ホンジュラス
アグアン・バイオガスプロジェクト
パーム油の廃液池からのバイオガス回収と利用によりCO_2を年間30,183トン削減予定。プロジェクトの母体であるオイルパームプランテーション開発をめぐり、事業者のグループ企業により、2009年～2012年の間に56名もの農民が暗殺・殺害されるという深刻な人権侵害が生じている。
パナマ
バロ・ブランコ水力発電プロジェクト
28.84メガワットを水力で発電し、CO_2を年間66,934トン削減予定。対象地の先住民族の生活に影響が及ぶことが懸念されるが、影響を検証することも住民協議の対象にもせず、その存在を無視し、先住民族の権利を侵害した。プロジェクトはCDMがなくても成立できたという追加性の疑問も投げられかけている。
INDIA①
INDIA②
HONDURAS
PANAMA
UGANDA
インド①
アライン・ドウハンガン水力発電プロジェクト
インダス川の支流に位置し、192メガワットを発電予定。周辺村々が飲料水、灌漑用水として利用するドウハンガン川の水を干上がらせる可能性があり、また村の文化、宗教的に重要な対象である川を汚すことになるとして住民は反対。しかし事業者は法的な「異議なし証明書」を得ていると主張。また、プロジェクトの開発を通じて、違法伐採や事故、紛争等をもたらした。
インド②
ナラコンダ風力プロジェクト
48基の風車を建設し50メガワットを発電予定。対象地は、8つの村の協働により荒廃地7,000エーカーを20年の年月をかけて森に再生した場所。プロジェクトにより、道路建設のための大規模開発、森林伐採と生物多様性の喪失、不正な水使用、土砂流出、地域社会の生活システムの破壊などが懸念される。
ウルグアイ
バイオマス発電
フィンランド系紙パルプ企業のパルプの製造過程で排出する廃液を利用したバイオマス発電によって32メガワットの電力を発電・売電し、CO_2を年間39,636トン削減予定。事業者のグループ会社による大規模プランテーション開発や工場による環境や地域社会への深刻な影響、プロジェクトの排出削減自体や、追加性への不信感から、ウルグアイのNGO、住民はもとより隣国のアルゼンチンの市民グループからも激しい反対運動が繰り広げられた。
URUGUAY

FoE Japan作成

レード」と「カーボン・オフセット」の2種類があります。いずれも二酸化炭素をお金のように取り引きする市場のしくみです。

「キャップ・アンド・トレード」とは、国や地域、企業が排出できる温室効果ガスの上限（排出枠）を決め、排出枠を割り当てられた者同士で足りない排出枠と余った排出枠を売買できるしくみです。

「カーボン・オフセット」は、自分で削減できない温室効果ガス排出量の一部を、ほかの場所で排出削減活動を行ったり、二酸化炭素の吸収につながる植林・森林保護などの事業に技術や資金を出したりすることによって相殺することです。気候変動を防ぐためには、そもそもの排出量を減らしていかないといけません。しかし、排出削減の努力が不足しているのに、「カーボン・オフセットをしているから大丈夫だ」と、いわば自己正当化にカーボン・オフセットが使用される場合もあります。また先進国が、カーボン・オフセットのために、途上国を中心とした海外の森林を「保全」しようと囲い込んだ結果、その森とともに暮らしてきた先住民族の生活する権利が侵害されてしまうことも起きています。

国際炭素取引市場のしくみは、温室効果ガスの排出削減につながるように見えますが、温室効果ガスの継続的な排出を認めることになるため、温室効果ガスの絶対量削減を遅らせるという大きな欠陥があり、カーボン・オフセットは、かえって森林の破壊につながり、先住民族の生活を脅かしているという問題も報告されています。

COP25の会場では、気候正義の実現に反する交渉内容への抗議が行われた

●ジオ・エンジニアリング（気候工学）

気候変動を緩和するために、気候や大気や海などの地球システムを大規模に操作するジオ・エンジニアリング（気候工学）というものもあります。IPCC第5次評価報告書では、「提案されているジオ・エンジニアリング手法のすべてにはリスクと副作用が伴う」と報告されており、実用化の見通しも立っていません。

●火力発電

「日本の石炭火力は高効率であり、途上国の経済発展のためには仕方ない」という主張もありますが、どんなに高効率であっても、石炭火力はほかの化石燃料による火力発電の中でもっとも多くの二酸化炭素を排出しています（項目⑰参照）。

このように、気候変動対策として宣伝されているものの中には、さらなる環境破壊を引き起こしたり、先住民族への人権侵害が発生してしまったり、社会の不公平をさらに拡大させるような問題を抱えたものがあります。

●持続可能な社会を実現する気候変動対策へ

IPCCの「1・5℃特別報告書」（項目❽参照）では、このようなリスクを抱えた技術に頼らずとも、省エネやライフスタイルを変えていくことで、生活水準を下げずに持続可能な社会を実現し、気温上昇を1・5℃未満に抑えることが可能であるシナリオも示されています。

そのためには次のような政策が必要です。

①化石燃料依存の経済活動から抜け出す、再生可能エネルギーの推進のための補助金やしくみづくり

②すべての人びとが人間らしい仕事と生活を維持できるような経済へと変えていく〈公正な移行〉（項目⓫参照）への支援

③大企業ではなく、市民や地域によって民主的に管理されたエネルギー発電・供給のしくみづくり

気候変動による深刻な被害が広がりつつある現在、温室効果ガスの追加的な排出を許す余裕はもうどこにもありません。パリ協定の1・5℃目標達成のためには、迅速かつ確実に温室効果ガスの削減につながる対策が求められています。

やってみよう！

・気をつけなければいけない気候変動対策の共通点を書き出してみましょう。
・化石燃料に依存しない持続可能な社会をつくる仕事について調べてみましょう。

高橋英恵（たかはし・はなえ）
FoE Japanスタッフ。2018年より横須賀石炭火力発電所の建設中止を求める運動、気候正義に関する発信など、気候変動やエネルギーの課題に取り組む。

◆参考
・IPCC第５次評価報告書第１作業部会　よくある質問と回答「FAQ7.3 ジオエンジニアリングは気候変動に対抗できるか？　副作用はどうなのか？」

19

日本がめざすべき分散型エネルギーシステムの構築

●世界中が分散型エネルギー社会をめざしている

日本のエネルギーシステムは、原発・火力などの大型発電所中心・大量電力消費システムで、環境への負担も大きく、事故のリスクも避けられません。省エネを進め、再生可能エネルギー中心の分散型システムに移行すれば、環境負荷も事故リスクも軽減することができます。

再生可能エネルギーのうち、太陽光と風力は、天候によって発電量が変動するのは事実です。しかし、前日に発電量と需要量を予測し、ほかのエネルギーで対応したり、必要なら需要を抑制したり（デマンド・レスポンス）、事前に広域で電力を融通するシステムを完備し、当日さらに微調整したりしていくといった、予測と管理が可能な技術はすでにあります。

●原発ゼロ・エネルギー転換戦略

化石燃料や原子力発電に依存した〈大規模集中発電システム〉から、再生可能エネルギーや省エネを中心とした〈分散型発電システム〉へ転換することを「エネルギー転換」といいますが、原発をなくしていこう、再生可能エネルギー中心のエネルギーシステムに転換していこうという主張に対して、つねに「具体的な対論になってない」「経済に影響がある」「温暖化対策ができない」などの反論が出されてきました。

■表① 「原発ゼロ・エネルギー転換戦略」がめざすエネルギー・ミックス

エネルギー全体	2030年：省エネでエネルギー消費量30％以上減少（2010年比）、再生可能エネルギー割合約3分の1
	2050年：省エネでエネルギー消費量50％以上減少（2010年比）、再生可能エネルギー割合約8割
電力	2030年：再生可能エネルギー電力割合44％以上。省エネで発電量30％減（2010年比）
	2050年：再生可能エネルギー電力割合100％。省エネで発電量40％減（2010年比）（再エネ発電量は増加）

出典：未来のためのエネルギー転換研究グループ（2020）より
http://energytransition.jp/からダウンロード可能

「精神論に過ぎない」といったような断定的な主張もなくなりません。これらがいかに時代おくれで見当はずれのものかを具体的に示すために、エネルギーや温暖化の問題に長年関わってきた研究者グループが作成したのが、「原発ゼロ・エネルギー転換戦略」です（表①）。

たしかに5年程前までは、再生可能エネルギーの価格は相対的に高く、競争力が弱かったのは事実です。しかし、そのような状況は180度変わりました。

今、世界中で再生可能エネルギーの価格の大幅な低下と急激な普及が起きており、多くの国では化石燃料と同じ、あるいはもっとも安価なエネルギーになっています。そこには、価格が低下することで普及が進み、普及が進むことで価格がさらに低下するという好循環が生まれています。一方、原発は、放射性廃棄物対策や安全対策のための費用の増加など、作れば作るほど価格が高くなる発電技術であることが事実として明らかになっています。

●脱化石燃料・脱原発か経済成長かの二者択一ではない

エネルギー転換戦略で重視しなければならないのは、経済を犠牲にしないことです。現時点で私たちが選択できるようになったのは、「原子力と化石燃料を中心とする大規模発電システム」か「再生可能エネルギーや省エネを中心とする分散型発電システム」という2つの

選択肢なのです。

後者を選んで、かつ経済成長を達成することは「精神論」でないことを、ドイツやデンマークなどの国や地域がすでに証明しています（項目㉑、㉔参照）。反対に、経済性のなさをおもな理由として原発を推進する国が少なくなる中、国民の税金や電気代を原資とする多額の補助金を原発につぎ込もうとしている日本政府の姿こそ「精神論に過ぎない」と言っても過言ではありません。

●電力不足も電気代上昇もない

一般的に、ある電力システムにおいて、停電が起きるか起きないかを判断するには、電力の需給バランスを分析します。供給が需要を一定の割合（予備率）以上で上回っていたら、停電は起きにくいと判断します。

私たちの研究グループは、エネルギー転換戦略に関して、

①日本全体
②東日本、中・西日本の2地域
③9電力会社の各管区

この3つの地域で、一定の需給想定で、1年間（8760時間）の需給を1時間ごとに試算しました。（図②）

その結果、2030年と2050年を考えると、2050年は再

■図②　電力需給バランスに関するシミュレーション結果
2030年の電力需給、西日本6電力、太陽光＋風力が最小の日

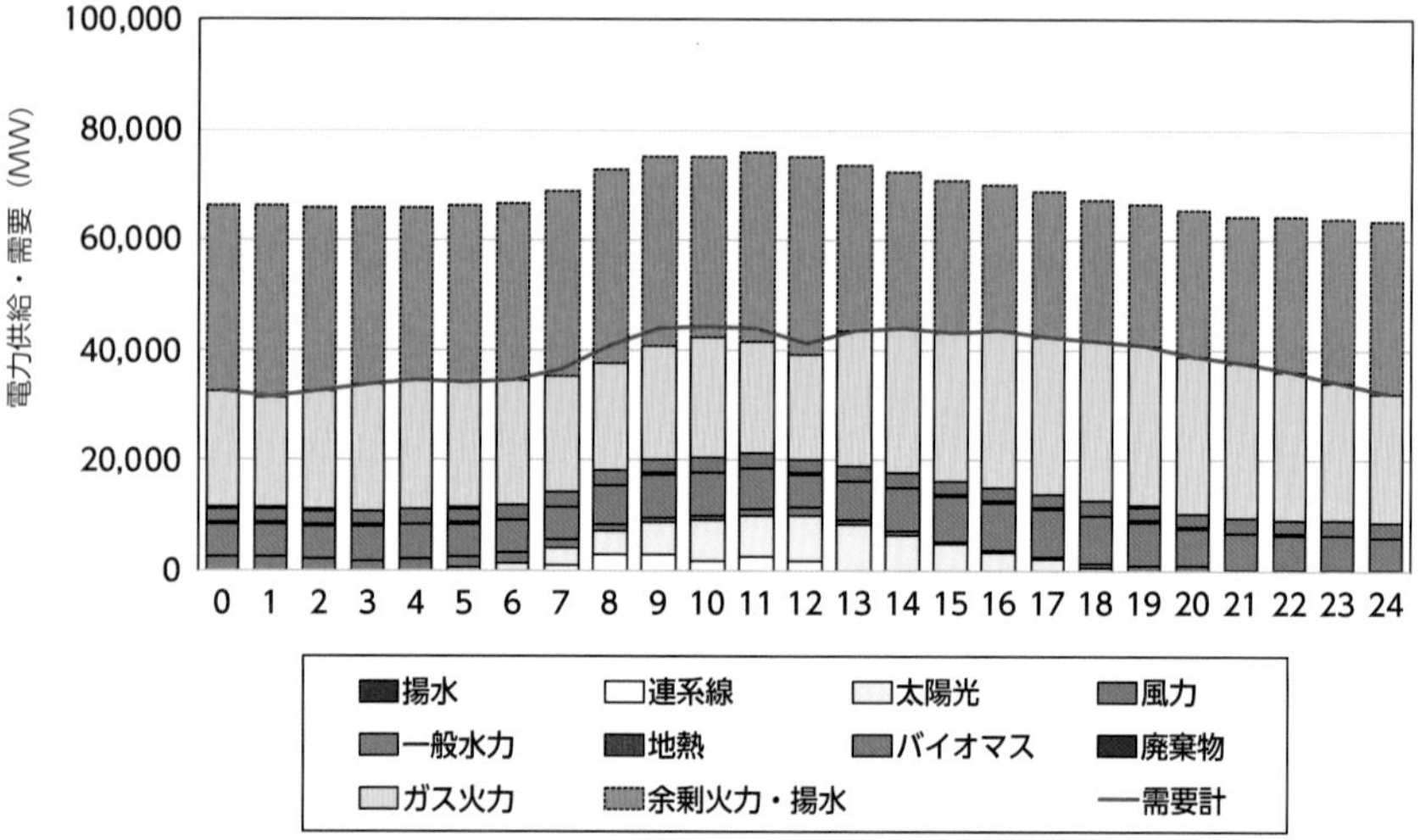

注1：過去3年間実績で太陽光＋風力が最小の日（2018年6月6日）をモデルに、その時に原発ゼロ、石炭火力ゼロなどのエネルギー転換戦略の想定を適用した場合の電力需給バランスを示している。結果は、太陽光＋風力の発電が最小の日でも40％以上の設備余裕があることが明らかとなった。
注2：需要計（実際の需要量）と「余剰火力・揚水」の差は、揚水発電（汲み上げ）と、東日本からの送電（東京電力と中部電力の間に300万kW連系線）の分。

出典：未来のためのエネルギー転換研究グループ（2020）より

生可能エネルギーと各種システム（地域間融通、需要側調整、蓄電池、揚水発電、省エネなど）で対応可能であり、再生可能エネルギーの価格も大幅に低下するので需給バランスは問題ないことが明らかになりました。

一方、エネルギー転換途中の2030年の需給の方は、特定の地域や特定の季節・時間帯には余裕が小さくなる可能性があることもわかりました。

ただし、これらの地域や時間帯で必ず停電するということではなく、電力会社間の融通などの対応策をとれば問題は発生しません。

企業や家庭の電気代負担は、総額と単価で分けて考えられます。

まず、電気代の総額の方は、世界でも日本でも、現状のような大量エネルギー消費を維持する場合より減少します。なぜなら、エネルギー転換をめざした政策

のもと、建物の断熱強化、省エネ機器の使用、生産設備の省エネ型への転換、冷暖房照明の省エネ型への転換、リサイクル材料の使用などの省エネ対策がきちんと実施された場合、消費電力が大きく減るためです。

省エネ対策は、初期投資は必要であるものの、エネルギー・コスト（光熱費）削減によってその多くが数年から10年以内に初期投資が回収できるものです。また、日本の場合、現在年間20兆円弱の化石燃料輸入総額を大きく減らし、国外に流出していたお金を国内に取り戻すことができます。同時に、脱原発によって原発事故のリスクはなくなり、原発の維持費用も不要になります。

一方、電気代の単価は、しばらくの間上がる可能性はあります。しかし、単価が上がったとしても、ピークは2030年頃と考えられます。

●合理的で公正な政策を

各国が模索しているエネルギー転換につながる金融・財政政策は、いわゆるグリーン・ニューディール政策といわれる「緑のための投資政策」そのもので、欧米では盛んに話題となっています。また、第二次世界大戦後、マーシャル・プランという大きな財政投資によって欧州が復興しました。2008年に世界を襲ったリーマン・ショック後には、多くの国が財政出動を行って景気回復をはかりました。

新型コロナウィルスの世界的な流行で世界中が混乱している中、いくつかの国は、景気回復や、雇用創出、そしてエネルギー転換につながる政策（グリーン・リカバリー）を検討しています。

グローバル化がもたらしたコロナウィルスによるパンデミックですが、逆に国家の役割や政府のリーダーシップの重要性が再認識されています。今ほど、合理的で公正で長期的なビジョンに基づいた国策が必要とされている時はありません。

明日香壽川（あすか・じゅせん）
東北大学東北アジア研究センター／環境科学研究科教授。専門は、環境エネルギー政策。

やってみよう！

・太陽光発電、風力発電などの再生可能エネルギーによる発電方法や具体的な省エネについて調べてみましょう。

20 カーボンフリーに一番近い国、コスタリカ

●70年前に軍隊を廃止して教育を重視

中米の国、コスタリカはちょうど九州と四国を足したぐらい、約５００万人が暮らす小さな国です。世界でもっとも幸せな国として何度も首位になり、二酸化炭素を実質排出しない〝カーボンフリー〟を実現する最初の国になるのではと、世界で注目されている国の一つです。

それが実現しているのは、軍隊を持たない平和国家であること、再生可能エネルギーだけで電力をまかない、生物多様性の豊かな国であることなどさまざまな理由があります。でもそのどれをとってもたやすく実現できたわけではなく、しっかりした国の政策とリーダーシップがあり、国民の努力もあって実現してきました。

コスタリカは今から約70年前に日本に次いで平和憲法を作り、常備軍を廃止しました。そして「兵士の数だけ教師を作ろう」を国のスローガンとして軍事費を教育費などに充てました。ほかの国より大きな「抑止力」を持とうとする軍事力の競争をやめ、軍を持たないという大胆な方法を選んだのです。つまり「軍隊を持たないことが最大の防衛力」という逆転の発想です。軍事費よりも国民にとっ

■図① 中米の国・コスタリカ

て必要な教育や福祉、医療に財源を充てる必要もありました。軍事予算をゼロにしたことで、教育や医療の無料化を実現し、現在でも教育費は国家予算の3割程度を占めます。

「平和を実現するのは軍備ではない」という考えは現在も国民の間に根づいています。そして平和の根本にあるのは国民が共有する「民主主義、人権、環境」への意識です。コスタリカでは小学生の時から政治を自分たちの問題として真剣に、そしてリアルに学びます。

たとえば、選挙の時は小学生も教室で政党別に分かれてディベートをしたり、模擬選挙をします。そういった対話や行動が自分の問題として政治を捉え、民主主義の在り方、人権意識を小さい頃から身につけていくことにつながっています。中でもユニークなのは憲法裁判所があり、市民はだれもが人権や憲法に対する訴えを無料で起こすことができることです。憲法は市民のために存在し、実際に活かされるものとなっているのです。

中南米でトップクラスの教育レベルを維持しているコスタリカ（モンテベルデの小学校にて）

●自然エネルギーでほぼ100％発電

コスタリカはここ5年、98％以上を水や風、太陽などの自然の力を使う再生可能エネルギーでまかなっており、その内訳は水力が約78％、残りを風力10％、地熱エネルギー10％、そして太陽光発電0・8％（☆1）と続きます。

世界の生物種の約5%が生息し、870種以上の鳥類、約5万種の昆虫が住むコスタリカの森ではケツアールなど数多くの希少な鳥、昆虫を見ることができる

サンホセ郊外には風車が立ち並ぶ。今後は余る電力を貯める技術開発にも力を注ぐ予定

注目すべきは再生可能エネルギーだけで発電しているだけでなく、その電源構成と考え方です。雨季と乾季がはっきりしているコスタリカは、乾季の終わり頃になると水が不足することがあります。その時は主力となる水力発電を補うベース電源として地熱発電が働きます。地熱は年間を通じて供給が安定しているからです。火力発電もありますが、ここ数年稼働することなくメンテナンスだけにとどまっています。

つまりベースになる電源を水力、それを補うものとして地熱と風力を捉え、火力発電はあくまで緊急時のバックアップ電源としています。環境に負荷をかける石炭火力発電、原子力発電をベースロード電源としている日本とは逆の考え方といえます。

●すべての経済の基礎は生態系にある

コスタリカは2021年までにカーボンフリー、プラスチックフリーを実現するという目標を打ち出しました。カーボンフリーとは二酸化炭素の排出と吸収がプラスマイナスゼロのことを言いますが、コスタリカはエネルギー源を再生可能なものに変えるだけでなく、二酸化炭素を吸収する森林の回復にも力を注いできました。

今日、国土の5割以上を森林が占めていますが、一時は伐採により森林面積率が国土の20%程度まで減少しました。この森林破壊を

止め、回復させるための政策の一つが１９９６年に制定された「生態系サービスへの支払い（ＰＥＳ）」という取り組みです。

これは森林を守るとその所有者に支払いがされるプログラムで、この支払いの資金の一部に充てたのはガソリンなどの化石燃料への税金です。森林回復の資金に充てるためにガソリンの使用に特別税を課したのは世界で初の試みでした。背景には、コスタリカではすべての経済的基盤は健全な生態系（自然資本）からもたらされるという理解が根本にあります。生態系の価値を認め、それを政策に活かすことによって森林が再生してきたのです。そして森林の再生は、温暖化を進める温室効果ガスを減らし、カーボンフリーを推し進めています。

森の再生はまた、コスタリカの主要産業である観光を支える力にもなっています。国土の４分の１が自然保護区として守られているコスタリカには多彩な自然を体験しようと世界各国から多くの人が訪れ、ＧＤＰ（国内総生産）の半分は観光で占められるほどです。

●脱炭素からプラスチックフリーへ

コスタリカのカーボンフリーは、実際もうすぐ達成できそうなところまできています。その実現のために今、力を入れているのが交通政策です。同国のエネルギー需要のうち半分以上を占めているのは輸送部門で、ここを減らさないと完全な脱炭素への道筋は見えません。政府は

２０１９年に「経済・社会の脱炭素化に関するロードマップ」を発表しました。これによると、公共交通の充実、鉄道の電化、バスや車のＥＶ（電気自動車）への転換などが計画されています。廃線になった鉄道を復活し、鉄道のディーゼル機関車を電車にする、電気自動車の数を大幅に増やすことはすでに着手されています。

コスタリカに20年以上住む政府認定ガイドの上田晋一朗さんは「電気は余るほどあるので、化石燃料を使う交通部門の燃料を電力由来に変えることで脱炭素化が一気に進むのでは」と話します。

もう一つの目標、使い捨てプラスチックを廃止するプラスチックフリーに関しては、プラスチックに代わる代替品の研究を進め、ストローや容器をリサイクルできる素材や紙製のものに変えることが積極的に進められています。平和国家からカーボンフリー、プラスチックフリーをめざすサステナブルな国家へ。中米の貧しい国だったコスタリカは野心的な政策と、それを支える高い教育レベルと国民の共通意識があり、環境・エネルギー分野でも世界をリードする存在になりつつあります。

☆１　REVE2019データより https://www.evwind.es/2020/02/02/costa-rica-celebrates-300-days-living-alone-with-renewable-energy/73364

やってみよう！

・選挙の前に、自分だったらどの政党、どの候補者に投票するか考えてみましょう。
・投票の前には新聞、ネットなどから政党や候補者がどんなことをめざしているのか情報を集めてみましょう。
・再生可能エネルギーだけで電力を作っている世界の国を調べてみましょう。

箕輪弥生（みのわ・やよい）
環境ライター・ジャーナリスト。NPO法人「そらべあ基金」理事。
幅広く環境関連の記事や書籍の執筆、編集を行っている。

21

自然エネルギー100%のカギをにぎるデンマークの地域熱供給

●デンマークとグリーンな成長

デンマークは、九州ぐらいの面積に約580万人が住む小さな国ですが、気候変動、環境問題はつねに重要な課題として捉え、過去数十年にわたり、気候変動に関してさまざまな取り組みを展開してきました。

注目すべきは、積極的な再生可能エネルギーの導入です。その象徴が2011年に策定された「エネルギー戦略2050」で、デンマークは2050年までに化石燃料に依存しない社会をめざすことを宣言しました。デンマークはすでに1985年に原子力発電を導入しないと決めているため、それは2050年までに再生可能エネルギー100%をめざすということを宣言しています。

1990年に22%だった風力発電と太陽光発電のシェアは、2019年には49%まで拡大し、バイオマスなど含めた再生可能エネルギーは、電力の72%になっています。それでも、再生可能エネルギー100%まではまだまだ長い道のりがあります。

もう1つ、注目すべきは、グリーン政策と経済成長の両立で、デンマークの温暖化への取り組みの重要な要素になっています。過去30年間、経済成長を成し遂げながらエネルギー消費の増加を抑え、温暖化ガスの排出量と水の消費量も減少させてきました。「グリーンな成長」を

自ら証明してきたのです。

●気候変動法

デンマークの議会は2014年、気候変動法（Climate Law）を施行しました。2050年までに低炭素社会に移行するために、持続可能なエネルギー供給と温室効果ガスの大幅削減、資源の効率利用を進め、同時に経済成長もすることをめざしています。また、デンマークは持続可能な開発目標（SDGs）の目標7「エネルギーをみんなに、そしてクリーンに」のリーダーとして名乗りを上げ、世界の再生可能エネルギーの導入を牽引しています。

2019年6月のデンマーク議会選挙は「グリーン選挙」と名づけられ、政権を獲得した連立政権は、温室効果ガスの排出量を2030年に1990年比で70%削減する目標を打ち出しました。そして同年12月、2030年までに温室効果ガス排出量を1990年比70%削減するという目標が議会で合意されました。同目標は2020年6月に国会で可決した新しい気候変動法に明記され、2014年の前・気候変動法との大きな違いは、具体的な削減目標が明記されたこと、また法的拘束力がある点です。法律の中に、政府の取り組みをデンマーク議会がチェックする機能を設け、目標に向けての進捗の評価が行われるようになっています。

コペンハーゲンの自転車と歩行者専用道路
出典：State of Green

●「13の気候パートナーシップ」

温室効果ガスの排出量削減の目標を達成するには、産業界の協力が不可欠です。そのために、政府は2019年11月に「13の気候パートナーシップ」を立ち上げました。革新的な気候変動の解決策を生み出すため、分野横断的なコラボレーションを促進することを目的としています。目標は、企業が温室効果ガス排出量を削減する役割を果たし、その取り組みを世界で展開することによって、自分の国だけでなく、世界のグリーンな経済成長に貢献するということです。たとえば、欧州連合（EU）の一員として、EU全体で温室効果ガスを55％削減するという2030年の目標をできるだけ早く示すように欧州委員会に求めています。

●2025年にカーボン・ニュートラルをめざす首都コペンハーゲン

デンマークの首都コペンハーゲンは、国がめざす2050年より25年早く、カーボン・ニュートラル（排出される二酸化炭素と吸収される二酸化炭素が同量）をめざしています。

再生可能エネルギーの導入は一つの手段で、2018年にできたゴミ焼却施設のアマー資源センターはゴミを燃やす時に出る熱から6万世帯分の電気と12万世帯分の熱供給を行っています。その屋上は人工芝のス

アマー資源センターで洋上風力をバックに人工芝スキーを楽しむコペンハーゲン市民　撮影：筆者

キー場やハイキングコースになっていて市民の憩いの場所ともなっています。

市民の生活の変化も求められています。そのうちの一つが移動手段です。２０２５年にカーボン・ニュートラルをめざすには市民の移動の75％が徒歩、自転車もしくは公共交通機関を使うことが必要です。すでに多くのコペンハーゲン市民は通学・通勤に自転車を使っていますが、もっと使ってもらえるように自転車専用道路や郊外とつなぐ「自転車スーパーハイウェイ」をつくったり、交差点で赤信号を待っているときに足を置くことができる台を設置するなど、自転車に乗りやすい街づくりを進めています。

●再生可能エネルギーと熱・地域熱供給

エネルギー全体で見ると、デンマークで一番導入されている再生可能エネルギーはバイオマスです。木質チップ、木質ペレット、畜産バイオマス、廃棄物などのバイオマスは電気としてだけではなく、暖房や給湯の「熱」エネルギーとして利用されています。集中的に熱（70℃〜90℃のお湯）を作って、断熱パイプを通じて家庭、商業用ビル、公共施設、工場などに送る地域熱供給が多く導入されています。エネルギー需要全体の17％、熱需要の約半分が地域熱供給によってまかなわれており、家庭は約65％が接続しています。

■図①　デンマークがめざすエネルギーシステム

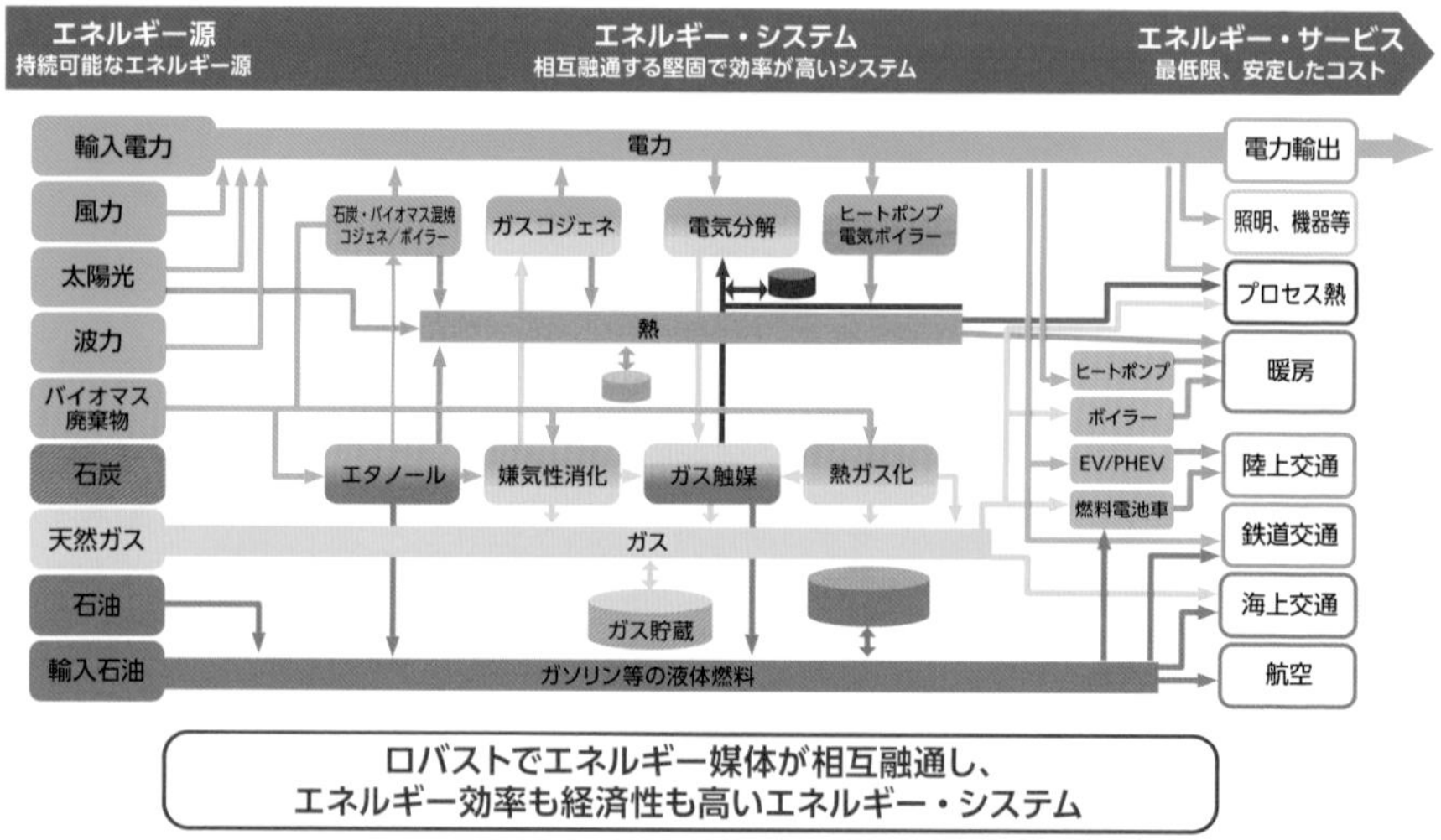

エネルギー源
持続可能なエネルギー源
エネルギー・システム
相互融通する堅固で効率が高いシステム
エネルギー・サービス
最低限、安定したコスト
輸入電力
風力
太陽光
波力
バイオマス
廃棄物
石炭
天然ガス
石油
輸入石油
電力
石炭・バイオマス混焼
コジェネ/ボイラー
ガスコジェネ
電気分解
ヒートポンプ
電気ボイラー
熱
エタノール
嫌気性消化
ガス触媒
熱ガス化
ガス
ガス貯蔵
ガソリン等の液体燃料
ヒートポンプ
ボイラー
EV/PHEV
燃料電池車
電力輸出
照明、機器等
プロセス熱
暖房
陸上交通
鉄道交通
海上交通
航空
ロバストでエネルギー媒体が相互融通し、
エネルギー効率も経済性も高いエネルギー・システム

出典：Energinet、著者加筆

デンマークは北欧に位置して寒い国だから、と思うかもしれませんが、たとえば日本でも家庭のエネルギー消費の内訳を見ると、半分以上が暖房や給湯などの熱利用です。デンマークの地域熱供給に接続している家庭には、給湯器はありません。

地域熱供給には、集中して熱（お湯）を作ることによって効率が上がる、再生可能エネルギー（バイオマス、太陽熱）や廃熱（工場からの排熱、スーパーなどの冷房機器からの排熱など）を利用しやすいなどのメリットがあります。一方、断熱パイプを水道管のように埋設する必要があり、それには多大なコストがかかります。しかし2050年に再生可能エネルギー100%をめざすために、電気だけでは難しく、熱利用が大きなポイントになっています。

地域熱供給の導入のメリットとして、天候などによって変動する自然エネルギーをうまく使うことができるという点もあります。電池や水素でエネルギーを貯めることもできますが、大規模な設備はまだまだ高価です。デンマークでは、おもに風力発電からの余剰電力を使ってお湯を作り、それを蓄熱し（貯めて）地域熱供給網に送っています。つまり、電気をそのまま電池に貯める代わりに熱にして蓄熱槽に貯めることで、エネルギー効率を上げ、コストも抑えているのです。

●エネルギー・システム全体のグリーン化

２０５０年に再生可能エネルギー１００％をめざす中、電気以外でも、熱、ガス、液体燃料（ガソリンなど）での再生可能エネルギー導入は不可欠です。たとえば２０１９年には、天然ガス網から供給されたガスのうち、畜産業や農業からの廃棄物を発酵させて作ったバイオガスで、夏の多い時には25%、通年平均でも10%が供給されました。デンマークでは電気はもちろん、エネルギー・システム全体のグリーン化、そしてエネルギー効率及び経済効率の向上にも積極的に取り組んでいます。今後これらの取り組みはさらに加速していくでしょう。

田中いずみ（たなか・いずみ）
2014年からデンマーク大使館上席商務官（エネルギー・環境担当）、東北大学環境科学研究科修士、カリフォルニア大学天然資源学部学士。

◆参考リンク

・気候変動法

・デンマークの気候政策

・気候変動評議会

やってみよう！

・経済成長（GDPの向上）を成し遂げながら、環境負荷の減少を実現している国があるか調べてみましょう。

Column 04

気候危機と「Vote Our Planet 私たちの地球のために投票しよう」キャンペーン

パタゴニアのミッションは「私たちは、故郷である地球を救うためにビジネスを営む」です。気候危機は、もはや予測ではなく現実です。この危機に対して行動するために、ビジネス、投資、声、想像力、私たちが持つすべての資源を使うつもりでいます。

地球に住み続けることができるかどうかは、この10年の私たちの行動にかかっていると科学者たちは警告しますが、解決策はとても明確です。気候変動の原因である温室効果ガスの排出を減らすこと、再生可能エネルギー中心のエネルギー政策への転換、産業、建物、運輸および都市において脱炭素社会への移行、森林や農地など二酸化炭素を吸収できる場所を増やしていくことです。

気候危機への対策を進め健全な水、土、空気を守る政治家に投票することが重要だと考えています。2019年に行われた参議院議員選挙では、投開票日に日本の全直営店を閉店しました。まずは私たちが家族や友人などの身近な人と、日本の政治、選挙、そして私たちの地球の未来について話すきっかけと時間をもつこと、投票に行くことが大切だと考えたからです。選挙期間中は、気軽に会話できる「ローカル選挙カフェ」という対話の場をつくりました。

投票を呼びかける展示を行うパタゴニア（2019年）

政治を語ることは、私たちの将来や夢を語ること、そして地球の未来を語ることと同じです。どんな社会を望むのか話してみたり、選挙候補者の考えを調べてみたり、電話や手紙、SNSで質問してみてください。そして、18歳で選挙権を手にしたら、自分の将来や大切なことのために必ず投票に行きましょう。

「僕らには自然世界を破滅させるか、あるいは僕らの住処であるこの美しい青い惑星を救うかの可能性がある」（イヴォン・シュイナード。登山家、パタゴニアの創業者）。

パタゴニア・インターナショナル・インク日本支社

5

地球のための行動は草の根から始まる

22

電気を選んで未来を変えよう!

●おうちの電気は、どんな電気?

2016年4月から、一般家庭で使う電気も、さまざまな電力会社(小売の電力会社)から選んで買うことができるようになりました。形も色もなく、目に見えないので、ふだんはほとんど意識することがない電気ですが、その裏にはさまざまなストーリーがあるのです。

以前は、地域の大手電力会社(東京電力や関西電力など)が発電から送配電(電気を送る)、小売(電気を売る)まですべてを担っていました。電力会社を選ぶ選択肢がなかったのです。

2000年、05年と部分的な自由化によって新電力(大手以外の小売電力会社)の参入が少しだけ始まりました。大規模なビルや公共施設などは新電力から電気を買えるようになっていましたが、一般家庭への電気の販売は、地域の大手電力会社のみが行っていました。

それが大きく変わったのが2016年です。テレビCMや電車広告、携帯電話の切り替えをするときなどに、「電気も切り替えませんか」「まとめてお得」というような宣伝が盛んに行われました。新しい電線を引くのかな、と疑問に思うかもしれませんが、送電線を管理運営し、

■図①　電力自由化とは？

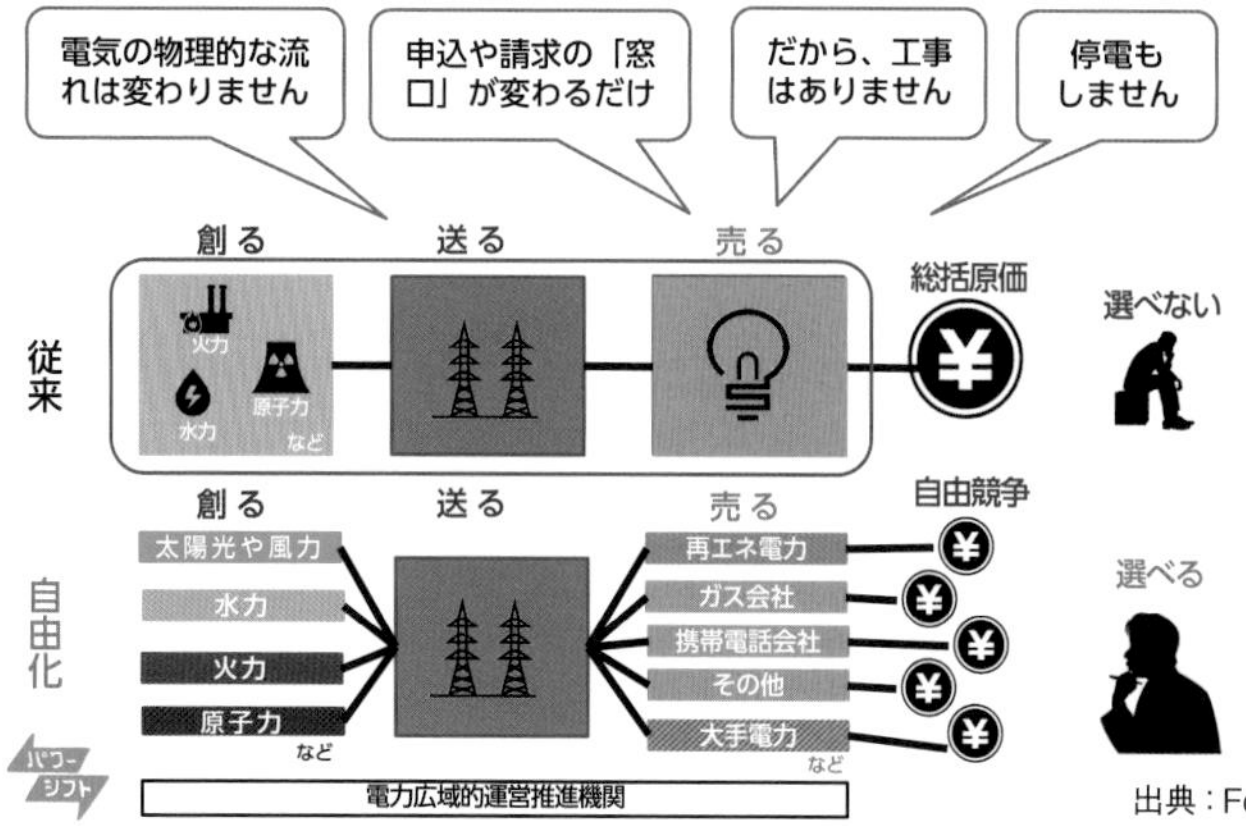
電気の物理的な流れは変わりません
申込や請求の「窓口」が変わるだけ
だから、工事はありません
停電もしません
創る
送る
売る
従来
火力
水力
原子力
など
総括原価
選べない
創る
送る
売る
自由化
太陽光や風力
水力
火力
原子力
など
再エネ電力
ガス会社
携帯電話会社
その他
大手電力
など
自由競争
選べる
パワーシフト
電力広域的運営推進機関

出典：FoE Japan作成

家まで電気を届ける「送配電」の仕事は、今も大手電力会社が担っています。自由化で参入した新電力（電気の小売会社）は、たんにお客さんとの手続き的な窓口業務を行う会社です。極端な話、パソコンがあればできるので、さまざまな業種や自治体なども、参入しているのです。

●再生可能エネルギー重視の電力会社とは

新電力の中には、再生可能エネルギーを重視する会社も多数出てきています。電気の物理的な流れは変わりませんが、その会社が電気をどこから買ってくるのか、また電気料金の利益の一部がどう使われるのかが違ってきます。

●生協系の電力会社

脱原発やエネルギーシフトの取り組みも以前から行い、再生可能エネルギーを重視した電力会社を立ち上げています。再生可能エネルギーやFIT電気（再生可能エネルギー固定価格買取制度によって支援された電気）の割合が高く、電源構成や電源の開示が積極的に行われているのも特徴です。

●自治体が出資する新電力

自治体が出資するなどして関与する「自治体新電力」も各地に生まれています。地域の再生可能エネルギーを活かす、あるいは今後増やしていく計画を持っている会社も多数あります。電気料金の一部を高齢者の

■図②　再エネで地域のつながりを豊かにすることをめざす

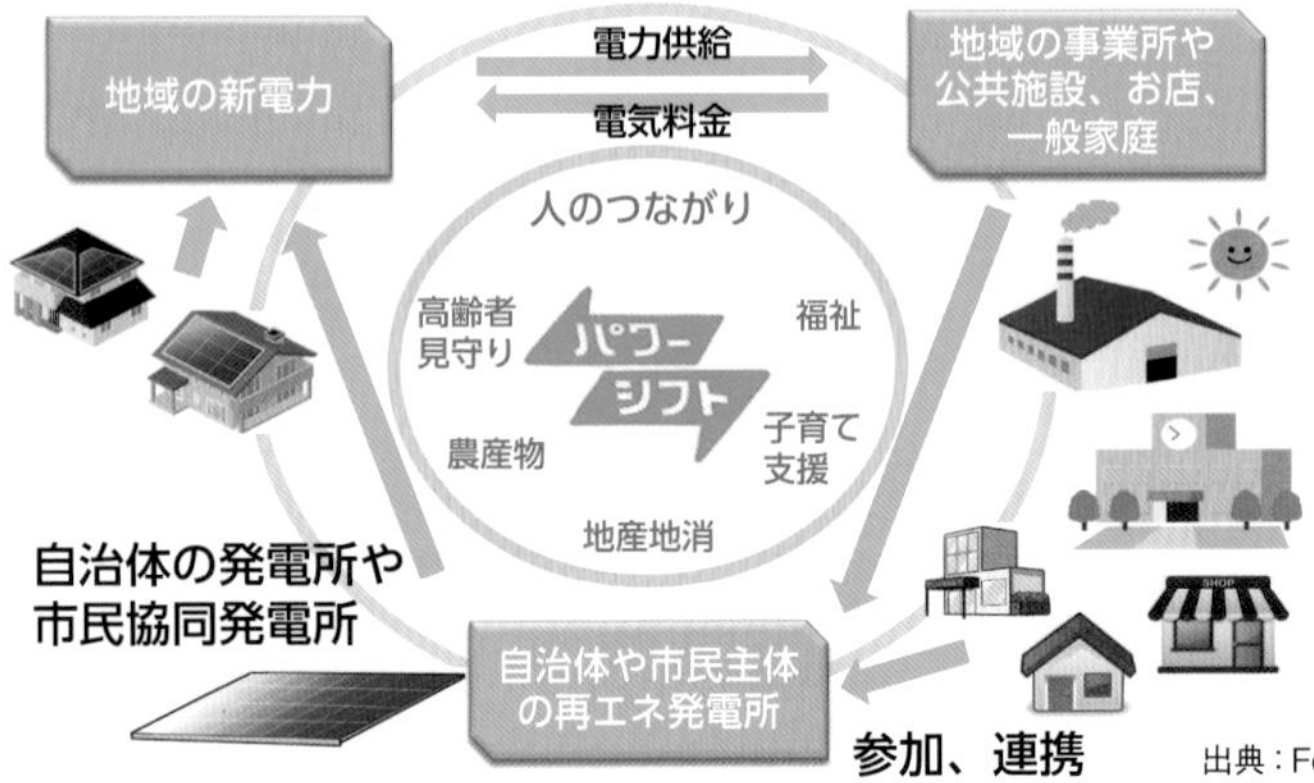
地域の新電力
電力供給
電気料金
地域の事業所や公共施設、お店、一般家庭
人のつながり
高齢者見守り
パワーシフト
福祉
子育て支援
農産物
地産地消
自治体の発電所や市民協同発電所
自治体や市民主体の再エネ発電所
参加、連携

出典：FoE Japan作成

見守りや子育て支援など、地域のサポートや活性化に活かす取り組みも注目されます。

●民間のさまざまな電力会社

地元のガス会社や太陽光発電の会社などが立ち上げた民間の会社で、自治体が関与していなくても地域にフォーカスした電力会社も多数あります。地域の小規模太陽光発電や家庭の屋根の太陽光など地域の電源を買い取って販売しているところもあります。ほかにも、地域や市民主体の再生可能エネルギーを重視する電力会社や、電気代の一部でNGOや福祉、地域活動などを支援する電力会社など、ユニークな取り組みが多数あります。

●電力会社の選び方

再生可能エネルギーを重視する電力会社といっても、各社めざす方向や特徴はそれぞれです。2015年から始まった、環境NGOなどが行う「パワーシフト・キャンペーン」では、以下のような電力会社を紹介し、消費者の選択を呼びかけています。

①「持続可能な再エネ社会への転換」という理念がある
②電源構成などの情報開示をしている
③再生可能エネルギーを中心として電源調達する
④調達する再生可能エネルギーは持続可能性のあるものである

吉田明子（よしだ・あきこ）
FoE Japan理事。2007年よりスタッフ。2015年よりパワーシフト・キャンペーンを立ち上げ、消費者・市民によるエネルギーシフトを呼びかける。

⑤地域や市民によるエネルギーを重視している
⑥原子力発電や石炭火力発電は使わない
⑦大手電力会社の子会社などではないこと

●お金の流れを変えよう！

電気を選ぶことは、未来を選ぶこと。投票と同じくらい効力があります。なぜなら、電気代でお金の流れを変えることができるからです。電力市場全体で約15兆円、そのうち約7・5兆円つまり約半分が家庭部門です。2016年以前はすべて化石燃料や原子力で発電している大手電力会社に流れていたお金の使われ方を、私たち自身が決めることができるのです。

一方、電力自由化はよいことばかりではありません。価格競争が起こるということは、各社ともいかに経費を抑えるか、電気を安く仕入れるか、きびしい検討を迫られます。そのため、再生可能エネルギーを重視していない新電力は、燃料を安く調達できる石炭火力発電に依存し、石炭火力発電の建設や稼働率が2012年以降大きく進みました。古い原発や石炭火力発電もできるだけ長く使おうという流れもあります。

気候変動を解決するためにはエネルギー政策を変える働きかけをすると同時に、再生可能エネルギーを積極的に選択することが不可欠です。あなたのおうちの電気が、地域や、社会、地球環境を守ることにつながっているのです。

やってみよう！

・あなたのおうちの電気は、どこから買っていますか？　調べてみましょう。
・再生可能エネルギー重視の電力会社を探してみましょう。

23

エコハウスと気候変動を考える

●エコハウスを知っていますか？

エコハウスという言葉を聞くと、みなさんはどんな家を想像しますか？　屋根に太陽光発電が載っている家、それとも自然素材でできた風通しのよい家でしょうか。そのどちらも正解です。しかし、エコハウスにはそれ以外にも大切な要素があります。それは、みなさんが窓を開けたくないほど寒い冬の日や、蒸し暑い夏の日の〈省エネ対策〉です。

たとえば、家の中にはルームエアコンのような冷暖房器具があります。石油ファンヒーターや、電気カーペットを併用している方もいるでしょう。どれも多くの化石燃料を消費していきます。住宅をはじめとするすべての建物は、建設時にたくさんの資源とエネルギーを消費し、50〜100年という長い期間で大切に使用されるものです。私たちはその建物に住んでいる間に消費し続けるエネルギーへの配慮をする必要があります。

●住宅とエネルギー消費

日本の家庭部門におけるエネルギー消費量は、過去30年ちょっとで約2倍になりました。しかし残念なことに、現在においても新築住宅に省エネ性能を義務化する法律はありません。一大決心で購入した新築住宅が、思ったほど省エネではなかった、暖かくはなかった、という失

▨図①　家庭部門機器別エネルギー消費量の内訳

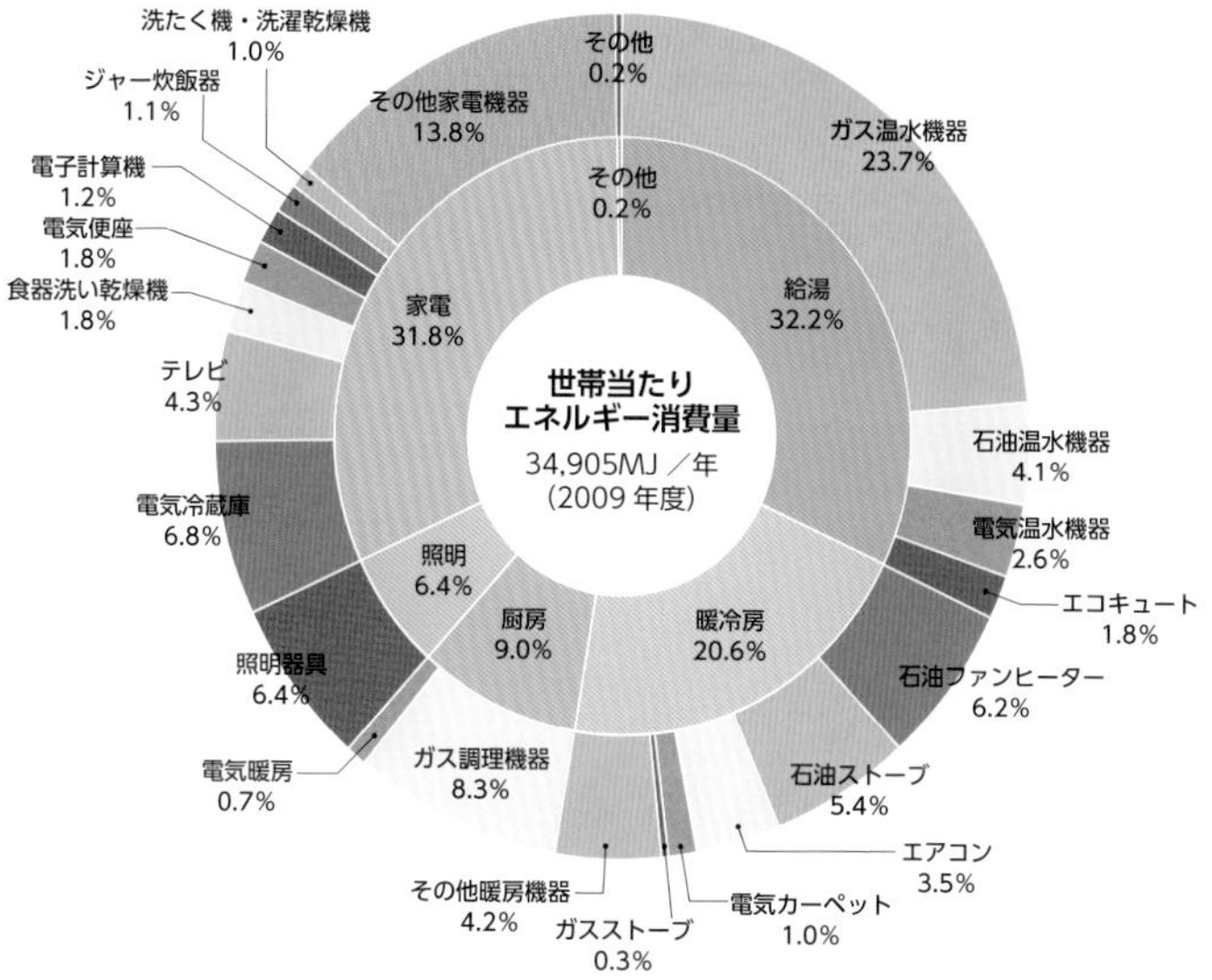

総合資源エネルギー調査会省エネルギー基準部会（第17回）の資料
「参考資料1　トップランナー基準の現状等について」より作成

敗談が後を絶ちません。

実際に住宅内の暖冷房にかかるエネルギー消費の内訳を示したのが上の2つのグラフです（図①、図②）。暖冷房に加え、電気便座、そのほか家電製品の中に含まれる暖房用家電などを加味すると、全体の約4分の1が暖冷房のためのエネルギー消費ということが読み取れます。

図②を見ると、欧米の先進国と比べて、日本では暖房用のエネルギーをあまり消費していないように見受けられます。しかしその原因は、日本の冬がほかの国に比べて温暖だからではありません。日本では家全体を暖める文化がなく、現代の暮らしにおいても、部屋を暖めるために必要最小限の暖房しか使用しないことがおもな理由です。一方、寒い家は無意識のうちに住まい手にストレスがかかるだけでなく、免疫力の低下や、結露によるカビ・ダニ等の発生にも繋がることが分かってきました。

■図②　世帯当たりエネルギー消費量の国別比較（GI〈ギガジュール〉／世帯・年）

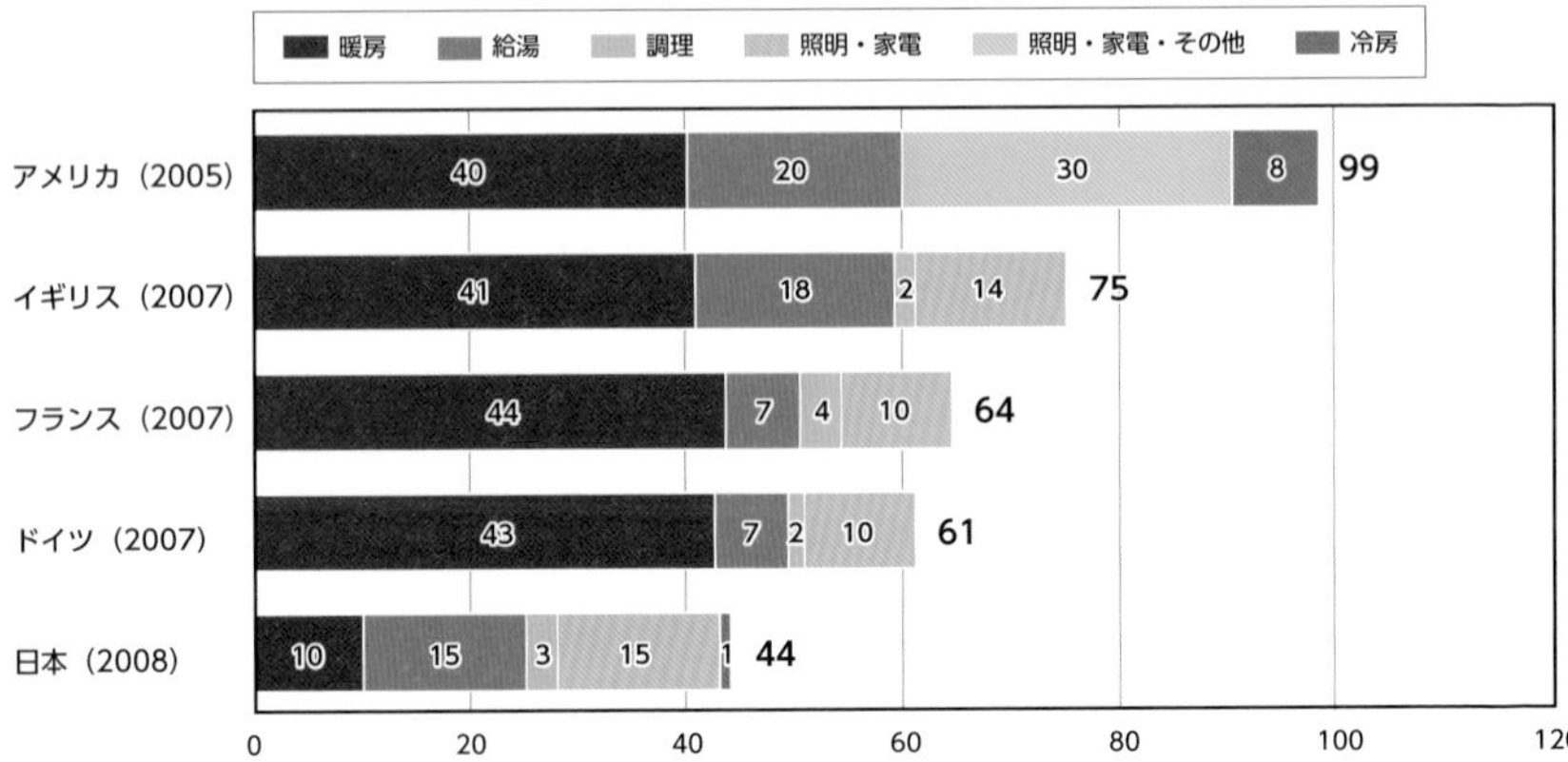
暖房
給湯
調理
照明・家電
照明・家電・その他
冷房
アメリカ（2005）
40
20
30
8
99
イギリス（2007）
41
18
2
14
75
フランス（2007）
44
7
4
10
64
ドイツ（2007）
43
7
2
10
61
日本（2008）
10
15
3
15
1
44
0
20
40
60
80
100
120

出典：住環境計画研究所

●寒い家とヒートショックの悲劇

さらに問題なのは、日本では現在、年間およそ2万人の方が、冬の脱衣室で脳梗塞や心筋梗塞によって命を落としていることです。リビングなど暖房されている部屋と、脱衣室や浴室、トイレといった、暖房されていない部屋との室温差が10度以上ある場合、とくに高齢者の方は〝ヒートショック〟のリスクにさらされています。

交通事故で亡くなる方が年間4000人以下であることを考えると、日本の冬の住宅内はとても危険な場所に思えます。運よく一命を取り留めたとしても、障害が残り家族の介護が必要となってしまうケースも多くあります。家の中の温度差を解消するためには、断熱性能と気密性能を担保することです。それにより健康を守ると同時に環境への負荷を減らす事ができるのです。

たとえば、トイレの電気便座は、日本の住宅内の総消費エネルギーを1・8%増大させていますが、断熱・気密性能がきちんと担保された住宅内のトイレならば、暖房器具など不要です。また暖冷房器具は一般的に、10～15年の間に交換が必要となりますが、外壁などに入れられた断熱材は、半永久的にその効果を発揮します。また、窓からは家全体の熱エネルギーのおよそ半分が逃げていきますが、断熱性能の高い窓を採用することで暖冷房効率を大きく向上させる

富山県黒部市で完成したパッシブタウン第三期街区は日本で初めて
集合住宅のリノベーションでパッシブハウス認定を取得しました
竣工：2017年　設計監理：KEY ARCHITECTS

ことができるため、窓の省エネリノベーションも注目されています。

家の中で寒暖のストレスを感じることなく快適に暮らせるようになると、免疫力が上がり風邪をひきにくくなったり、冷え性や喘息などの疾患が改善したりといった健康メリットが現れます。

●パッシブハウスで再生可能エネルギーとのマッチング

私が主催する一般社団法人パッシブハウス・ジャパンが日本での普及をめざしている〈パッシブハウス〉と呼ばれるエコハウスは、1997年にドイツで生まれました。生みの親であるドイツの物理学者、ヴォルフガング・ファイスト博士は、このままでは地球温暖化に歯止めがかからない状況の中、省エネと健康メリット、そして経済性が共存するためのパッシブハウスの理論を打ち出しました。

「6畳用（家電量販店にある一番小さなサイズ）のエアコン1台で、家1軒丸ごと快適な温度に保てる性能」というのがパッシブハウスの一番わかりやすい表現です。しかし、断熱・気密性能だけに特化しているわけではありません。太陽の日射の角度や通風による換気効果もきちんと評価しながら、建設地の気象データを元にした最適な設計が行えるため、実際の建物の消費エネルギーは設計段階で予測されたエネルギー消費量を上回らないという定評があります。

森みわ（もり・みわ）
独バーデンビュルテンベルク州公認建築家。2010年に非営利型一般社団法人パッシブハウス・ジャパンを設立。国連環境計画日本協会理事。

省エネ建築の最高峰といわれるパッシブハウス基準とそのメソッドは、現在ヨーロッパのみならず、アジアや北米を含む世界各国の住宅やオフィス、公共建築物の設計で採用されています。日本でも現在30棟程の戸建て住宅がパッシブハウス認定を取得済みで、少しずつですがその認知度も上がってきました。

高効率な設備や太陽光発電のような創エネに頼るのではなく、住宅内の熱エネルギー需要そのものを減らすというパッシブハウスの考え方の根底には、一年の間で一番再生可能エネルギーが乏しい冬の暖房エネルギー需要を切り崩し、将来的に再生可能エネルギーへのシフトを達成するという大きなビジョンがあります。家族の健康が守れる家づくりを通じて気候変動を防ぐことにも貢献できることをぜひ知ってください。

やってみよう！

・家の公共料金の明細から、１年間に消費したエネルギーを集計してみましょう。
・電気はキロワットアワー（kWh）、ガスは立方メートル（㎥）、灯油はリットル（L）で集計します。
・家庭ごとの違いをクラスのみんなで比べてみましょう。

24 車の少ない社会をめざして 〜ドイツ・フライブルク市の取り組み

●自家用車なしで子育てできる町

日本でもドイツでも、平均すれば1世帯に1台は自動車があり、とくにバスや電車の便が悪くて子ども、高齢者がいる家庭では、買い物や送り迎えに車が欠かせません。

しかしここフライブルク市には、子どもがいてもマイカーを持っていないという人がたくさんいます。わが家にも子どもが2人いますが、車なしでも不自由はしません。それには3つの大きな理由があります。

1つ目は、公共交通が便利であること

2つ目は、自転車で走りやすいこと

3つ目は、車を使わなくても徒歩や自転車で生活に不可欠な買い物ができること

二酸化炭素の排出量で交通分野が占める割合は、ドイツで21・4%、日本では18・5%あり（ともに2018年）、その大半は自動車によるものです。車、とくに自家用車の利用削減は気候変動対策において重要ですし、それにより別のメリットも生まれます。

たとえば騒音や排気ガスによる健康被害や、交通事故の減少。この不利益は車に乗らない人も受けるものなので、不公平さも解消されます。交通量が少なければ道路の反対側にすぐに行

けるので、町が分断されることもありません。何より子どもたちが外でのびのび遊べるようになるでしょう。ガソリン車を電気自動車に替えても、発電時に二酸化炭素が出ればあまり意味はありません。交通量そのものを減らすことが重要なのです。

●地域内乗り放題の定期券で公共交通を促進

フライブルク市は人口約23万人の街ですが、トラム（路面電車）・バスの利用者は毎日のべ22万人以上います。市民一人ひとりが1日1回、何らかの交通機関を利用している計算になります。公共交通を多くの人に使ってもらうためには、サービスを魅力的なものにしなくてはいけません。駅や停留所が街のいたるところにあって、長い時間待たなくても乗れ、料金は安くてわかりやすいものである必要があります。

トラムは専用軌道を走り、自動車より優先され、渋滞もない。軌道のほとんどが緑化されている。撮影：筆者

市内にはトラムが5路線あり、平均すれば7・5分に1本便があり、バスは20路線で、主要な路線は15分間隔で走っています。このほかに郊外へ向かう鉄道・バスがあります。市民の80％以上の人は停留所から500mしか離れていない場所に住んでいて、少し歩けば何かしらの交通機関を利用できるようになっています。トラム・バス・電車で同じ切符を使え、乗り換え時に料金が発生することもありません。

何よりも魅力的なのは、市内および近隣の2郡ですべての交通機関が乗り放題になる「地域定期券」が約7500円で買えることです（学生用の定期券は半年分で1200円ほどです）。これ1枚で1カ月の間、約50×60㎞の範囲で何回でも、区間に関係なく乗車できるうえ、

▨表① 市内における移動手段の推移

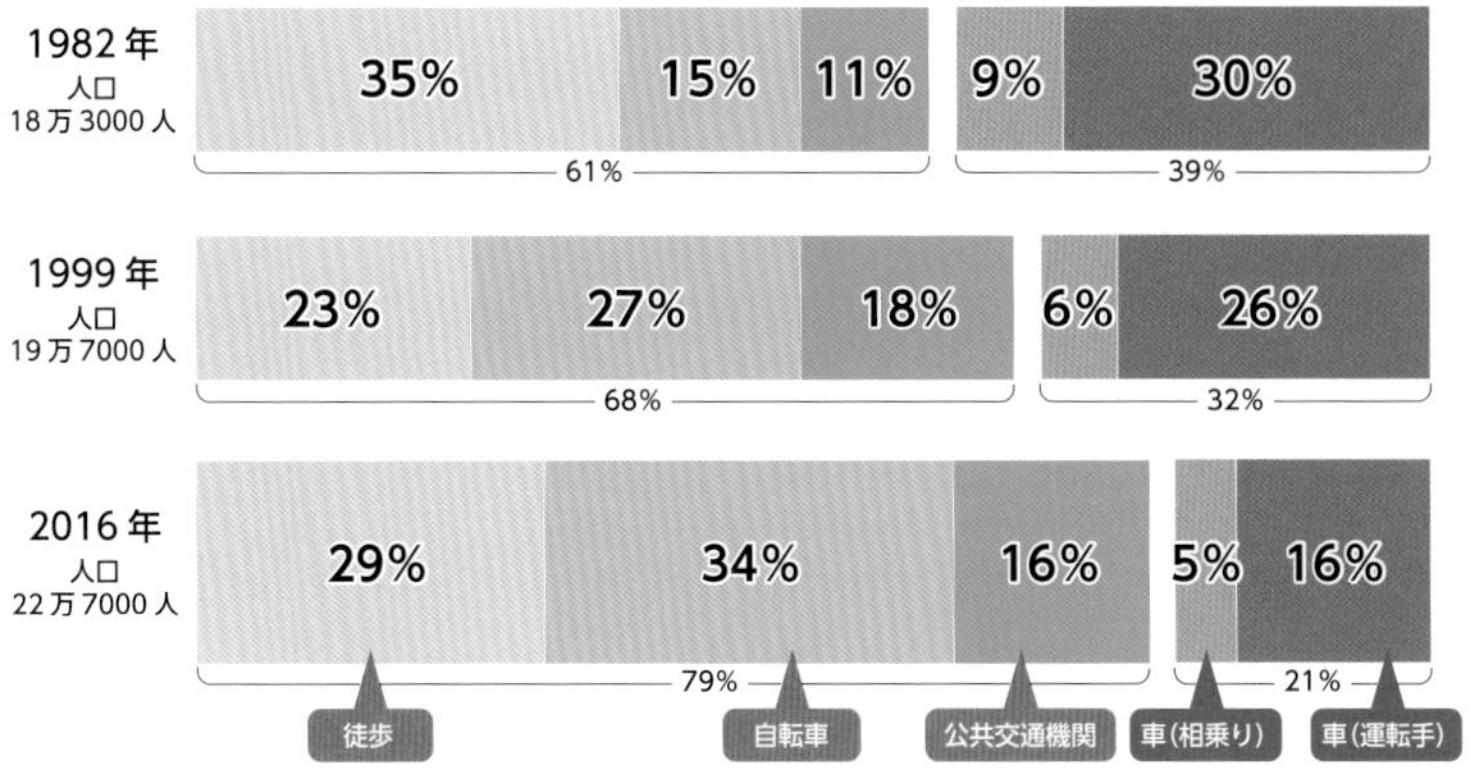
1982年
人口
18万3000人
35%
15%
11%
9%
30%
61%
39%
1999年
人口
19万7000人
23%
27%
18%
6%
26%
68%
32%
2016年
人口
22万7000人
29%
34%
16%
5%
16%
79%
21%
徒歩
自転車
公共交通機関
車（相乗り）
車（運転手）

出典：フライブルク市のHPより

人に貸すことも、日曜祝日にもう1人だれかを連れて乗ることもできます。この定期券が使える地域の住民のうち、5人に1人が所有しているのも不思議ではありません。

●買い物も、子どもの送り迎えも自転車で

2016年、フライブルク市内に限れば移動手段のうちじつに34%が自転車で、1982年の15%から2倍以上に増えています（表①）。逆に車の利用は同じ時期に39%から21%とほぼ半減しています。市内の中心部は起伏が少ない上、約420kmの「自転車走行に適した道路網」が作られていて、安心して自転車に乗れます。自転車道には行き先を示す標識が細かく設置されていて、地図を見なくてもどの道を走ればいいかすぐにわかります。

自転車の高速道路（優先道）も2ルート整備され、自転車は交差点のたびに止まって車を待ったりする必要もなく、ほぼノンストップで市の中央部を縦断・横断できるようになっています。

また、自転車を輸送手段に使うことが積極的に行われています。日本でも荷台の大きな自転車で郵便を配達したりしていますが、ドイツで一般的なのは自転車で引っ張るリヤカーのようなものです。これで100kgを超すような荷物も運搬できるので、家具を運んだり、野菜を配達したりできるのです。

小さな子どもがいる家庭でよく使用されるのは、自転車の後ろにつけられる大きなタイヤのベビーカーで、2人乗りのものもあります。収納スペースがあるため、子ども連れで買い物をして荷物が増えても、自転車ですべて運べます。

●移動を最低限に抑える街づくり

電力分野において節電が重要なように、交通分野に関しても、手段を替えるだけではなく、移動そのものを減らさなくてはいけません。そのためには仕事や買い物など、日々の用事が家の近くでできる必要があります。フライブルク市ではだいたい、各地区の中心にパン屋、スーパー、ドラッグストア、理髪店、薬局などのお店が集まっていて、徒歩や自転車で日常の買い物ができるようになっています。また農家さんが直接売りに来るマルシェが市内19カ所でそれぞれ週1〜2回開かれ、新鮮な食料品を買うことができます。そもそも町のどこで何を売っていいかが細かく決められていて、車が必要になるような町外れに大型スーパーやショッピングモールを建てることはできなくなっています。

新しく住宅地を造る際には通常、集合住宅の1階を事務所や商店として使えるよう計画します。それにより住宅と同時に職場も生み出され、住む場所と働く場所がなるべく近くなるよう配慮されています。

電動アシストのついた「自転車トレーラー」で重い荷物もすいすい運ぶ。事故防止のため、赤くマーキングされた自転車道にも注目。写真提供：Gartencoop Freiburg e.V.

熊崎実佳（くまざき・みか）
環境分野の通訳兼ライター。2010年からフライブルク在住。

●市民の手で社会を変える

車をなくすことは不可能だといわれれば、そこには何となく説得力があり、それ以上踏み込んで考えるのは難しいかもしれません。でもさまざまなやり方で自動車やその利用を減らすことは可能です。たとえば車を複数の人で利用するカーシェアリング。車を使うたびに、距離や時間に応じてお金を払わないといけなくなるので、利用回数が自ずと減ります。同時に自家用車が少なくなり、1日に1時間も使わない車のために確保されている駐車場用地を減らすこともできます。同じ方向に向かう2名以上の人で、同じ車に乗る相乗りも手軽にできる方法です。そもそも人間1人が移動するのに、1tもの鉄の塊を動かすのは効率的ではありません。

自家用車を持たなくても暮らせるようになるためには、それを実現できる都市的なインフラが必要です。でもそれは政治家だけに任せておけば実現するものではありません。フライブルク市は〈グリーンシティ〉と呼ばれるように、優れた環境政策を推し進めてきましたが、その背景には環境を守りたい市民の強い要望がありました。原発計画への反対運動や、酸性雨による森の被害に対する抗議など、市民が自分たちで解決策を探して実践したり、政治を動かしたりしてきたところに、学ぶべき点が多くあります。

やってみよう！

・家族でのお出かけに自転車を使おう。
・「地産地消」を徹底して、物の輸送に関わる二酸化炭素の排出を削減しよう。
・交通手段の環境負荷を調べてみよう。

25

食卓から気候変動を止める！

●大量の温室効果ガスを排出する「工業的畜産」

食は私たちの生活にはなくてはならないものですが、気候変動につながっていたら？　環境破壊をしていたら？　生産国の人びとを苦しめていたら？　私たちの食生活がどのような問題を抱えているのか、考えてみましょう。

食肉は第二次世界大戦後、急激に世界中で浸透し、私たちの重要な栄養源になっています。1人当たりの肉の消費量は年々増え、1961年は1人当たりの年間平約消費量が23kgだったのに対し、2014年には約43kgと、約2倍に増えています（☆1）。

肉の消費量拡大に比例して、年々生産量も増え、1961年の7100万tが、2018年には3億4100万tと4・8倍にもなっています（☆2）。これらのデータを集計している国連食糧農業機関（FAO）は、食肉の消費・生産はともに、今後さらに伸び続けるだろうと予測しています。

この食肉の生産と消費によって、大量の温室効果ガスが排出されています。その量は、運輸部門よる総排出量よりも多い、年間7・1Gtに上ります。FAOによればこれは人為的な排出量の14・5％に相当し、温室効果ガス排出源の上位3つのうちの1つになっています（☆3）。

世界の食肉の大量生産、大量消費を支えているのが、企業によってコントロールされる「工

業的畜産システム」です。生産コストを最大限に抑え、生産性を追求していきます。狭いスペースに動物を押し込み、運動を抑制する一方で、濃厚飼料を与え、肥育までの日数を短縮して、生産効率を高めることをめざしました。

その結果、飼育頭数が急激に拡大し、げっぷ・おならなどから排出されるメタン、糞尿からメタンや二酸化炭素、亜酸化炭素といった温室効果ガスが排出され、気候変動を加速させています。また、糞尿や飼料は、周辺の川や湖などに流れ出し、汚染を引き起こすケースが多発しています。

伝統的な畜産方法では、牧畜農家は自ら飼料作物を栽培し、餌に加工して与え、家畜から出る糞尿や敷きわらなどを肥料として使っていましたが、工業的畜産では、こうした循環型のやりかたは、効率が悪いと、すべてを切り捨て、本来、すべてつながっているはずの自然サイクルを切り離してしまったのです。

●家畜の餌となる作物の栽培にも大きな問題が

家畜の餌として与えられる作物の栽培も大きな問題を抱えています。食肉の生産はとてもカロリー効率が悪く、たとえば、10kgの大豆を与えても、1kgの牛肉しか生産されないのです。大豆をそのまま食料にすれば、牛肉で食べる場合の10倍もの人の食を満たすことができるからです。ちなみに、肉を食べる人と、一切の動物性食品を食べない完全菜食主義者（ビーガン）を比較すると、肉食は約20倍の土地を必要とすると言われています。

一方、拡大する食肉生産のために、世界の耕地の約30%、穀物生産量の30%が家畜の餌として使われています。１９７０年頃から始まったアマゾンの熱帯雨林の大規模伐採の90%は、放牧のために行われました（☆4）。

牧畜の飼料として生産されている作物は、栄養価が高く、家畜を早く成長させることができる大豆ととうもろこしです。アメリカ、ブラジル、アルゼンチンなどで多く生産されていますが、餌としての需要が急激に高まったこともあり、大豆の生産量は過去60年で約10倍に増え、大豆生産用に転換された土地は4倍も増えました。また、とうもろこしの生産量も約5倍に増え、転換された土地は2倍になりました（☆5）。

パームプランテーションにより住処を追われるオランウータン、インドネシア（©Victor Barro, FoE International）

こうした飼料として供給される大豆、とうもろこしなどの生産は、大規模化し、生産性をあげるため企業によって工業化されています。伝統的な農業で行われているような、各種の作物を季節に合わせて栽培したり、土を休ませたりということはありません。同じ作物を広大な敷地に植え、機械で作業を進め、化学肥料や農薬、さらにハイブリッド種子や遺伝子組み換え種子といった企業が開発した資材を使用します。自然の摂理に適った栽培法で、種子を自家採種して、来年に使うなどといったことはできません。農家は毎年、種子メーカーから種子を買わ

土を耕し、有機コーンを育てるフェリシタ
（©Friends of the Earth International）

エルサルバドルの村で生育されている伝統種のコーン
（©Jason Taylor, Friends of the Earth International）

なければならなくなっています。

このように広大な敷地を要する工業的食料生産は、土地や水、森林といった資源を奪い、農薬や化学肥料で土壌、水系、大気を汚染するといった環境的、社会的問題を引き起こしています。

●「食」の主権を取り戻そう

では、肉を一切食べなければいけないのでしょうか？　野菜だけを食べていればよいのでしょうか？

もちろん、肉の大量消費はやめなくてはいけません。多くの先進国では人間の体に必要以上の肉の量を消費しているという研究もあるので、消費を少なくしていくことは重要です。しかし、もしかすると、みなさんが食べている野菜も、工業的生産方法で栽培されていて、多くの土地を使っているかもしれません。化学肥料を使い自然を汚染しているかもしれません。海外で栽培され、輸送にたくさんのエネルギーを消費しているかもしれません。

一番重要なことは、自分の食べるものがどこから来て、どのように生産されているかを知る、ということです。そのことによって、肉、野菜、魚介類とも、工業的生産方法に頼らず、近隣で、小規模で生産されている食材を購入し、消費することが可能になってきます。普段の私たちの「食」を変えることによって、企業などにコントロールされている生産システムを変えることができ、私たちの「食」の主権を取り戻すことができるようになります。

英語で、「Vote with your fork（自分のフォークで投票しよう）」という言葉があります。選挙で、自分の国の代表となる人を選び、国の未来をつくるように、自分の食べるものを選ぶことで、自分たちの「食」の未来、地球の未来を作っていくという考え方です。私たちも、食から世界を変えてみませんか？

☆1　世界平均。国によって消費量の差がある。現在最も多く肉を消費する国は、中国、オーストラリア、アメリカ、アルゼンチンなど。
☆2　http://www.fao.org/faostat/en/#home
☆3　http://www.fao.org/ag/againfo/resources/en/publications/tackling_climate_change/index.htm
☆4　https://www.peta.org/issues/animals-used-for-food/meat-environment/
☆5　http://www.fao.org/faostat/en/#home

杉浦成人（すぎうら・なるひと）
2018年よりFoE Japanスタッフ。エラスムス大学ロッテルダム・社会科学大学院大学開発学農業・食品・環境分野専攻卒業。開発と環境、森林分野の課題に取り組んでいる。

やってみよう！

・今日の夕食の食材はどこから来ましたか？　だれによって、どのように生産されていますか？　調べてみましょう。
・伝統的な農法にはどのようなものがあるか調べてみましょう。

26

持続可能な農業を取り戻したい

「里山ぐるぐるスマイル農園」は、埼玉県比企郡ときがわ町にある、自然栽培で農業を営んでいる家族経営の小さな農園です。里山と田畑と自分たちの暮らしがぐるぐると循環し、人も生き物たちもおだやかに笑顔で生きられるようにとの願いを込めて、名付けました。

農園では、一年を通じて70種類以上の野菜と、米、大豆、麦や、えごまなど、多品種少量生産しています。農薬や化学肥料は使用せず、動物性堆肥も使わない無肥料栽培に取り組んでいます。ビニールマルチ（畑の表面に敷くビニール製のシート）も使わずに、田畑や周りから出てくる草や落ち葉、竹や剪定チップなどを敷いてマルチにしています。タネは可能なかぎり自家採種した固定種・在来種のもので、自然本来の生態系の営みの中で作物自身が持つ生命力を発揮できるようにと心がけています。

おもな販売先は、個人や小さな飲食店、地元の保育園など、直接つながりのある所が中心で、農業体験のイベントも当初から大切にしてきました。消費者と生産者という商品をやり取りす

■図① 米国での農業部門におけるエネルギー消費の内訳

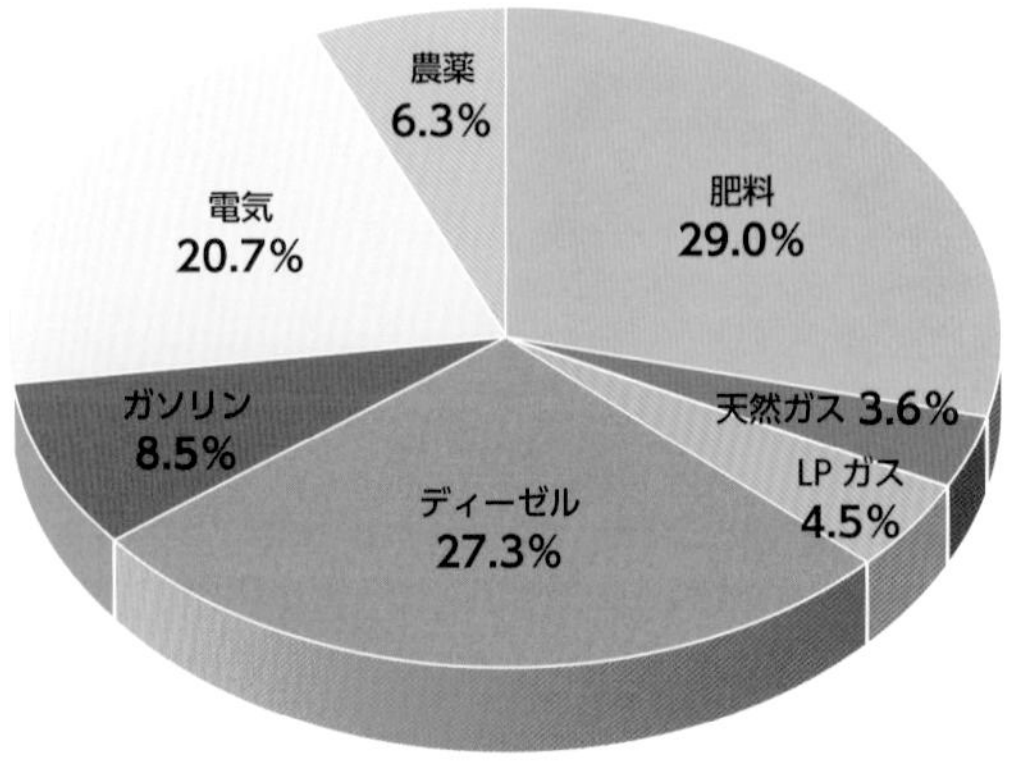

出典：Energy Use in Agriculture: Background and Issues　November 19, 2004
Randy Schnepf Specialist in Agricultural Policy Resources, Science, and Industry Division

るだけの関係性ではなくて、ともに暮らしを支え合う小さくゆるやかなコミュニティでありたいと願っています。

●農業への気候変動の影響

この数年、異常気象が一層厳しさを増してきていることを実感しています。雨の降り方と気温の変動が大きくなり、作物の生育に影響しています。2019年の台風19号では、山からの鉄砲水によって田畑が完全に水没し、あちこちであぜが崩落し、流木や稲わらが流れ込みました。

また、長雨と日照不足が数週間続くような状態でも、大きな被害を受けます。畑の土壌水分が過剰な状態が続くと、酸欠状態となり微生物が死んでしまいます。微生物や作物残さなどの有機物が腐敗すると、病原性の細菌が増え、それまで順調だった作物が急速に病害虫に侵されます。根周りの土壌は、無数の微生物のバランスによって成り立っています。

一方、気温の変動にも大きな影響を受けます。屋外での肉体労働が中心のため、35℃を超えるような猛暑が頻繁に発生すると、体力へのダメージが大変厳しくなります。高齢者ばかりではなく、まだ30歳代の農業者が作業中に熱中

▨図②　単位面積あたりの化学肥料と農薬使用量の国際比較

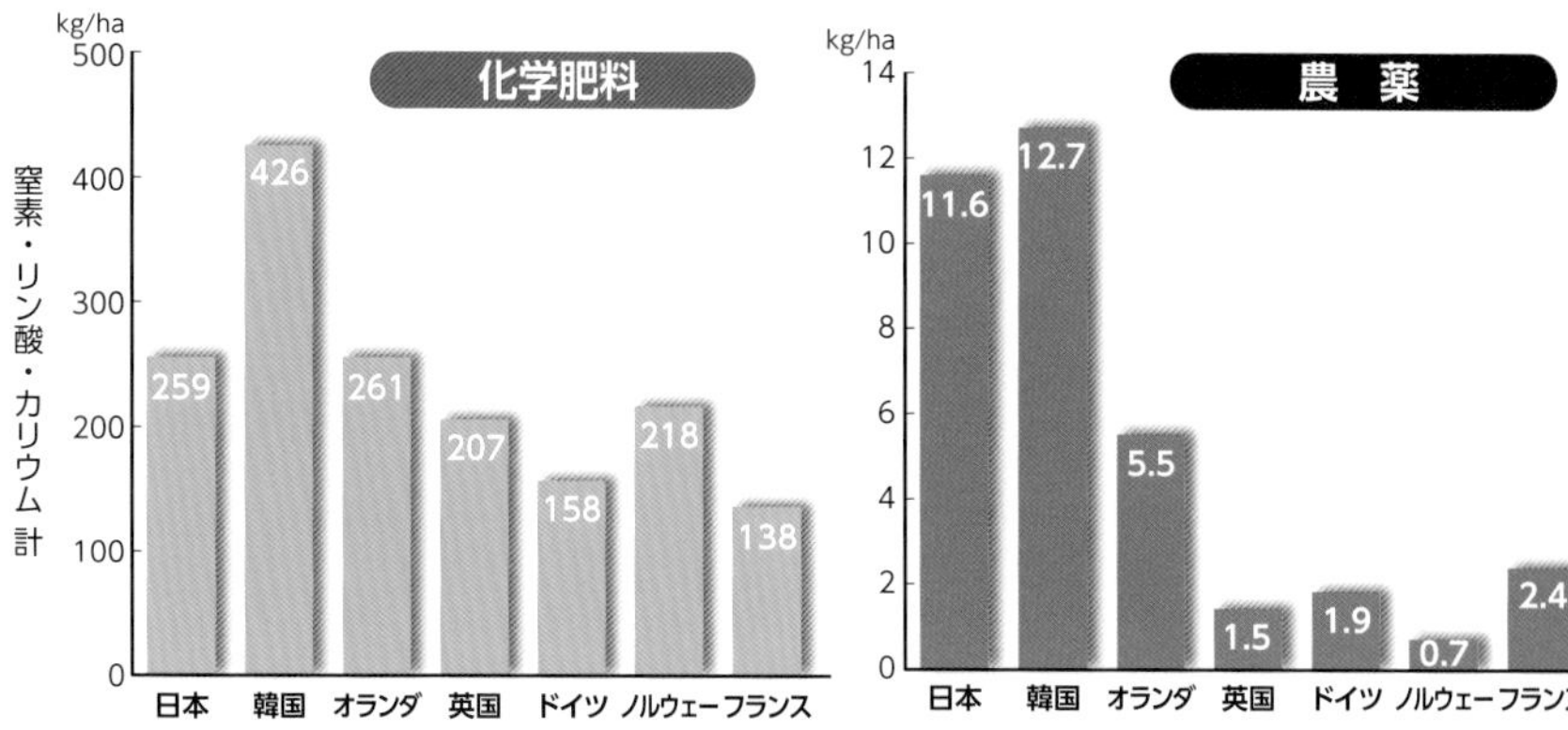

資料：FAO「Statistical Yearbook 2010」、OECD「OECD Environmental Parformance Reviews JAPAN 2010」を基に農林水産省で作成
注：肥料は2008年、農薬は2006年の値。

出典：肥料をめぐる事情　2017年10月　農林水産省資料

症で倒れ、亡くなるという悲しい事故もありました。また、あまりに高温となると、タネが発芽しなくなったり、出てきたばかりの芽が強烈な日射で枯れたりして、栽培管理が大変難しくなってきています。

●近代の農業による二酸化炭素の排出

本来、植物は太陽光を浴びて光合成をしながら成長するので、二酸化炭素の排出には寄与しないのですが、現代の農業では作物の栽培に大量の化石燃料や化学合成資材が消費されることで、少なからず温室効果ガスを排出しています。図①を見てください。アメリカの農業部門におけるエネルギー消費の内訳です。

①化学肥料・農薬

化学肥料や農薬は、安価に、また大量に農産物を生産することに役立ってきました。日本の化学肥料の使用量は年間約100万t。世界全体では約2億tにもなります。化学肥料も農薬も、その生産流通過程でたくさんのエネルギーを消費し、二酸化炭素を発生しています。肥料の3大要素であるチッソ、リン酸、カリウムは、化石燃料や鉱物資源（りん鉱石、カリ鉱石など）が原料で、その大半を輸入に依存しています。

②農業用プラスチック

冬でもトマトやキュウリなどが流通していますが、本来は夏の作物です。年間通して夏野菜が穫れたり、氷点下の真冬でも葉物野菜が栽培できるのは、ビニールハウスやビニールトンネルのおかげです。雑草を抑えるために畑にビニールマルチが使われますが、長さが数十メートルものビニールシートを使いますから、膨大な量になります。これらビニールの原料は石油で、製造工程で二酸化炭素を排出します。

日本における農業用廃プラスチックの量は年間10・4万t（2016年）。食料品製造業のプラスチック容器の使用量が年間56万t（2016年）ですので、それと比べてみても農業でのプラスチックもかなりの量が使われていることがわかります。農業廃プラの7割はリサイクルされていると言われていますが、食品容器と比べると泥汚れや不純物がはるかに多いため、焼却による熱利用や、途上国へ輸出されているのが実情です。

近年、海洋プラスチック問題も注目されるようになりましたが、農地に使われるプラスチックは日光で劣化し、強風で吹き飛ばされたり大雨で流されたりしています。日々の農作業でプラスチックごみを目にしないことはないくらいです。

③機械動力（直接的エネルギー消費）

トラクターやコンバイン、軽トラック、草刈機など数多くの機械が活躍しています。収穫物を乾燥、脱穀、選別、調整するのにもそれぞれ専用の機械が使われています。これらの機械動

食料の半分以上を輸入に頼っている日本は、他国と比べて輸送負荷も大きい

力には、ガソリンや軽油、電力が消費されています。

日本での農業部門の直接エネルギー消費量は、185兆キロジュール（＝エネルギーの単位）と推計されています。食事から摂取するエネルギーを1日1人当たりざっと2000キロカロリーと仮定して計算すると、日本の総人口1億2650万人が1年間に摂取するエネルギー量は38・6兆キロジュールです。国内の農業生産に費やしているエネルギーは、私たちが食料から摂取するエネルギーの4・8倍にも達しているのです（肥料や農薬などの間接エネルギーや、輸入食品生産のエネルギー、加工流通時のエネルギーは一切含まない）。今の私たちは石油を食べて生きていると言っても過言ではないのです。

日本のカロリーベースの食料自給率は約4割で低下傾向に歯止めがかかっていません。食料の半分以上が輸入に頼っているわけですが、この輸入食料の輸送にもエネルギーが使われています。輸送負荷を表す〈フード・マイレージ〉という概念があります。食料の輸送量に輸送距離を掛け合わせた量で、日本の輸入食料のフード・マイレージは、約9000億t／km。他国と比べても大変大きな輸送エネルギーがかかっています。

輸入先の生産現場でも、森林が開拓されることで大量の二酸化炭素が排出されています。

また、食料品が消費者の手元に届くまでには、包装、調理・加工、トラック輸送などにもたくさんのエネルギーが消費されています。2018年の日本の食料品製造業でのエネルギー消費量は248兆

農園で収穫された野菜

キロジュール、飲食料品小売業では156兆キロジュールにも達しています。このエネルギー消費量は、日本人の年間総摂取エネルギーと比べるとそれぞれ6・4倍、4倍に達する量です。

●農業の未来は消費者の行動から

数千キロ離れた海外の農地で化学肥料と農薬を使って生産し、航空機で輸送し、冷房された工場で加工調理し、プラスチックで包装し、冷凍冷蔵トラックで運び、スーパーの店頭に並び、自家用車で買い物に行く。現代の食料システムでは私たちが食事から摂取するエネルギーの10倍をはるかに超えるエネルギーが消費されています。

同じ献立でも、地元産食材を使った場合の食材の輸送に伴う二酸化炭素排出量は、輸入食材を使って調理した場合と比べ、約47分の1に縮小されるという試算もあります。日本でもほんの数十年前までは、多くの国民が農村で暮らし、お米や野菜を自らの手で作り出していました。そこには無駄な輸送や加工エネルギーも過剰なパッケージ包装もありませんでした。

①菜園や畑があれば野菜を栽培してみましょう。
②生ごみはコンポストで堆肥にしてみましょう。
③ご近所さん同士で互いにないものを交換し合うのも楽しいでしょう。何よりも、自分で育てた採れたての新鮮な野菜は、本当にお

いしいし食べる喜びもひとしおです。

④近くの生産者と直接つながっていくのもよいと思います。どんな肥料を使っているか、農薬の使用の有無は、エネルギー削減への取り組みなど、どのような栽培をしているかぜひ聞いてみて、気に入った生産者から、農産物を購入するようにしましょう。生産者から直接購入できれば流通や包装資材の負荷も最小限にできます。

⑤お店で購入する際にも地産地消、できるだけ地元で栽培されたものや国産のもの、旬の食材を選ぶように、また、包装パッケージができるだけ簡素なものを選ぶようにしましょう。

食材を選ぶという日常の小さな行動の積み重ねが大きな変化へとつながるはずです。

中澤健一（なかざわ・けんいち）
「里山ぐるぐるスマイル農園」
（https://gurugurusmile.localinfo.jp/）

やってみよう！

・菜園や畑、プランターで野菜を栽培してみましょう。
・近郊の生産者から農産物を購入しよう。

27

マレーシアは農業によって人と地球の関係を編み直す

●工業型農業がもたらす危機

マレーシアは、東南アジアのマレー半島とボルネオ島の一部からなる自然が豊かな国ですが、大型機械や化学肥料をたくさん使う「農業の工業化」が拡大し、その結果、熱帯雨林が破壊され、先住民族の人権が侵害され、コミュニティの財産である土地と資源が脅かされるなどの影響が出ています。

これまでコミュニティが守ってきた土地や森は、食料品の原料となるパーム油やそのほかの単一作物の畑に変えられてしまいました。工業型農業は、伝統的な暮らしを続けてきた先住民族の土地を奪うだけでなく、農薬散布によって土壌や水を汚染し、気候や環境、人びとの健康へも悪影響を及ぼしています。

●〈アグロエコロジー〉は気候変動対策になる

私たちSahabat Alam Malaysia（ＦｏＥマレーシア）は、先住民族の土地への権利を守り、持続可能で環境に優しい食料生産と消費を推進することが、〈食料主権〉を保障することだと考えています。食料主権とは、人びとが食べ物に困らないこと、また、とてつもないスピードで資源が消費される地球において、将来の世代の食料生産のシステムを確保することにもつな

Agro forestry
Agroecology

がります。

FoEマレーシアは、化学肥料への依存から脱することの重要性を訴え、農家で培われてきた伝統的な農法を率先して取り入れて、土壌本来の豊かさを向上させる有機農法をコミュニティに広げてきました。こうした〈アグロエコロジー〉の取り組みが気候変動に対するコミュニティの強さを作る土台になります。

健康な大地や生物多様性を育むアグロエコロジーは、炭素を土に固定する一方で、土壌への負担を最低限に抑える農業を行うことで、異常な天候の変化にも耐えられる作物栽培を行うことができます。窒素を多く含む化学肥料に依存した農業よりも、温室効果ガスの排出を抑制することができるのです。生態系を守りながら行う農業は、気候変動がもたらす害虫の異常な繁殖などの抑制にも効果があります。

●生態系を豊かにするアグロ・フォレストリー

アグロ・フォレストリーは、農業と森林生態系の調和を図るという考え方に基づいて、農耕地に木を植えて、農耕地の保全や作物の育成を図ったり、森の中で農産物を栽培したりしています。アグロ・フォレストリーは、森林の再生を目的にしていますが、その結果として、コミュニティの共同資源の保全、先住民族が守ってきた

スンガイブル村でのアグロフォレストリー事業の様子。
森の木々の間に土着の植物を育てている。

サラワクの村で化学肥料を使わずに野菜を育てる女性たち

土地を外部からやってきた企業などから収奪されることを防ぐ事業にもなっています。森林生態系と農業を調和させることで、水源地や土壌、生物多様性の保全といった、コミュニティの人びとの生活の基盤が確かなものになっていきます。

サラワク州のあるコミュニティでは、村びとが代々守ってきた土地（慣習的な土地利用）で、〈森林再生プロジェクト〉を行ってきました。この村は、伐採業者やプランテーションの開発を目論む資本によって土地を接収されるという危機に瀕していました。しかし、住民たちが森林再生プロジェクトを立ち上げ、土地利用の「慣習権」を主張することで、伐採業者やプランテーションの開発から自分たちの土地を守ることができています。また、すでに伐採された土地にさまざまな樹種の種を蒔き、在来樹木による森林再生を行っています。

ブリ河（バコン河の支流）沿いにあるスンガイブル村は、ダウンロンという植物を森で育て、食品を包んだり、屋根材として利用しています。また、タケノコやパームの芽、ハーブなどを森から採取して自家消費したり、商品として販売して現金収入にしています。村ではラタン（籐）の栽培も始めています。ラタンは実や芽を食べることができ、また椅子や衝立などの原料として使われます。村では、森林の多様性を保全するために、絶滅が危惧される在来種の植

マグスワリ・サンガラリンガム
SAM (Sahabat Alam Malaysia／FoEマレーシア) のメンバー。SAMは1977年に設立された非営利団体で、Friends of the Earthインターナショナルのメンバー団体。ペナンとサラワクにオフィスを持つ。自然と調和した平和で持続可能な社会をつくることを目標にしている。

物の保護に力を入れています。

●女性たちの大きな役割

FoEマレーシアでは、コミュニティおける女性の地位向上にも取り組んでいます。女性は伝統的な農法や、森の植物や食物に対する知識、薬草などに関する知恵を継承するうえで、重要な役割を担っています。プロジェクトが成功するためには、女性が意思決定に積極的に参加することが決定的に重要でした。自らの意思でプロジェクトに参加している女性たちは、ラタンなど森から採取していた素材を使って、籠などの工芸品を作る伝統や、伝統的な刺しゅうを復活させることに熱心で、それを商品化する事業も手がけています。

サラワク州でプロジェクトリーダーをしているジョク・ジャウ・イヴォンさんは、「サラワク州でのアグロ・フォレストリーのプロジェクトは、私たちの慣習的な住居領域を守るのみならず、この土地で行われてきた生産活動や生産物を守ることでもあります。森を守ることで、コミュニティに必要な、食料、水、木、燃料、居場所、生物多様性、種子、はちみつ、果物、薬草、家畜の飼料などを得ることができるのです。もし、私たちが伝統的な生活の知恵を忘れてしまえば、森に生きる術も生物多様性も消えてしまいます。私たちの願いは、受け継がれた知恵と伝統を育み、自然の恵みを守っていくことです」と話しています。

やってみよう！

・日本でもアグロ・エコロジーの取り組みがないか調べてみましょう。
・伝統的な森と、植林された森の違いについて調べてみましょう。

28

サステナブルファッションを始めよう

●サステナブルなファッションって？

私たちは毎日、服を着て活動しています。衣服は、私たちの体を保護して、命を守る機能があると同時に、自己表現の方法であり、私たちを幸せにするツールでもあります。

しかし、私たちの生活に必要不可欠な衣服の生産が、じつは石油産業に次いで環境を汚染する産業なのです。おしゃれは楽しみたいけれど、これ以上の環境汚染はやめてほしい、そんな思いから始まったのが〈サステナブルファッション〉という考え方です。

ご存知のようにサステナブルという英語は、「維持できる、持続可能な」という意味で、未来を考えて、これからも持続可能なファッション、ファッション産業をめざすことを「サステナブルファッション」と呼んでいます。

●環境を汚染するファッション産業

ファッション産業は、人間の活動によって排出される二酸化炭素量の10％を占め、国際線航空便と海運からの排出量よりも多いのです。世界で使用される農薬の約11%がコットン栽培に使用され、大量に使われる農薬は、農家で働く人やその近隣に暮らす人たちの人体にも深刻な悪影響を及ぼしています。

さらに、ファッション産業は綿花の栽培や素材加工、染色など製造工程で毎年、930億㎥という大量の水を消費します。この量は500万人の人びとが生活するうえで必要な水の量に相当します。生地を染色する過程で汚染された水は、水路や川に排出され、海に流れ込みます。

また、衣類の洗濯によって、毎年500億本のペットボトルに相当する、約50万トンのマイクロファイバー（ナイロンとポリエステルから作られる合成繊維の一種）が、流れ出し海を汚染しています。

このように、たくさんの地球の資源を使って作られる衣服ですが、最終的にはその多くが捨てられてしまうのです。

2015年の時点で、世界で生産された衣服の年間消費量が6200万tなのに対し、廃棄量は約1・5倍の9200万t。廃棄量を衣服の枚数に換算すると、毎年約3000億着にもなります。廃棄される衣服の82%は、焼却や埋め立てで処分され、リユースやリサイクルが行われているのはわずか18%に過ぎません。

日本でも、製造される衣服の4分の1、約10億枚が一度も着られずに廃棄されているのです。一度も着られずに捨てられるなら、何のために作るのでしょうか。

生地を染色する過程で汚れた水がそのまま流され、汚染された排水溝

●ファッション産業と人権の関係

そして、忘れてはいけないのが1枚、1枚の服を作っているのは人間であるということです。服作りは複雑な作業なので、自動化が困難で、ほとんどの工程が人の手で行われます。ファッションブランドは、できるだけ安く作るために、賃金が安い開発途上国や、日本で縫製される場合でも小さな工場に生産委託されています。

ブランドから仲介業者へ、仲介業者から工場へ、工場からさらに小さな協力工場へ、服作りが下請けされていきます。できるだけ安く、できるだけ早くという発注業者のプレッシャーは、実際に縫製作業する工員さんに、しわ寄せがいきやすくなります。

たとえば、世界の縫製工場と呼ばれるバングラデシュの工場では、海外の業者から無理な納期と、工賃で注文を受けたことで、毎日朝7時から深夜2時過ぎまで従業員を働かせていたり、14歳未満の子どもを働かせたり、換気や温度調整の効かない劣悪な労働環境で働かせ、休んだら給料を支払わないといって、無理やり働かせていたりします。

バングラデシュの縫製工場で働く女の子たち

さらに、深刻なのは、「現代奴隷」といわれる人たちです。奴隷は過去のものと思うかもしれませんが、「逃げられない」状況下に置かれ、安い賃金で働かされている人を「現代奴隷」といいます。貧しい人にたくさんお金が稼げると騙して無理やり働かせたり、仕事の紹介料として多額の借金を負わせてお金を預かったり、パスポートを取り上げたりして、逃げられないようにする事例は、世界中に、そして日本で働く外国人労働者にも起きています。残念なことに、現代奴隷に関与する産業の第2位もファッション産業です。

●私たちにできること

私たちが好きな服を着ることが、環境汚染や人権侵害につながるなんて、とても信じたくない現実です。こうした状況を改善するために、私たちに何ができるのでしょうか？

①環境負荷の少ない作り方で作られた洋服を買おう

たとえば、農薬を使用しないで栽培されたオーガニックコットンの製品を購入することで、着る人にも作る人にも優しいコットンを選ぶことができます。水や農薬の使用量削減、土壌改善などの普及を行っている「ベター・コットン・イニシアティブ」（BCI）のコットンもあります。あまり知られていませんが、木材森林が原料のビスコース（レーヨン）素材は、森林破壊の原因にもなっているので、環境に配慮された森林を認証するFSCやPEFC認証のビスコース素材や、リサイクル素材、廃棄しても自然に還る素材の商品もあります。これらは「サステナブル素材」とも呼ばれています。また、素材だけでなく水やエネルギーの使用量削減に配慮して製造された製品もあります。服を買うときに製品タグを見て、どんな素材でできているかチェックしたり、その洋服が作られた背景を検索してみましょう。

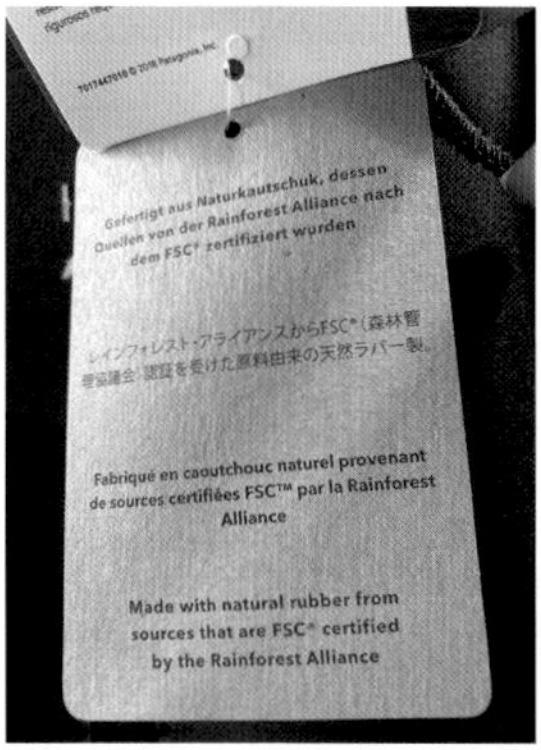

森林を認証するFSCやPEFC認証タグ
撮影：筆者

②服の手入れをして、長く使おう

服をすぐに捨ててしまうのではなく、手入れをして長く使いまし

青沼愛（あおぬま・あい）
Kamakura Sustainability Institute代表理事。アパレル企業を中心に、ソーシャル・オーディット（社会的責任監査）を国内外で行う。

ょう。穴があいたらお直しをして、その服との思い出をたくさん作ったら、新しい服にはない魅力が生まれるかもしれません。また、洗濯の回数を減らしたり、洗濯する時はマイクロプラスチックが流れ出ないように専用のネットに入れたり、乾燥機ではなくお日様の下で乾燥させると、環境負荷を減らせます。

③服を手放すときはリサイクルや寄付を選んでください。

服に新しい人生が与えられ、寿命を延ばしてあげることができます。日々の少しの気遣いで環境に優しい選択をすることができます。

④好きな洋服のブランドにも協力してもらう

いつも買うお気に入りのブランドが一緒にサステナブルファッションを考えてくれたら、一緒にアクションを起こしてくれたら問題はより早く解決するかもしれません。まずはブランドのウェブサイトを検索してみましょう。素材や、作り方、環境や働く人の問題にどんなアクションを起こしているでしょうか？　何も書いてなければメールやSNSで聞いてみましょう。お店の意見箱に手紙を入れてもよいかもしれません。毎日お世話になる服。大好きな服をずっと楽しみたいから、協力してほしいと伝えることで世界を変えていけるかもしれません。

やってみよう！

・友だちとファッションの問題について話してみましょう。
・好きな洋服のブランドのウェブサイトを調べてみましょう。
・好きな洋服のブランドに、感想の手紙を書いてみましょう。

29 いま取り組む気候変動教育

●自分たちで調べて確かめよう

世の中で話題になっていることは、その情報をそのまま信じるのでなく、自分たちの手で調べて考えることが大切です。

私の勤務する自由学園では小学部の全校児童が食堂に集まって一緒に昼食を食べます。正午に気象観測を終えた6年生が食堂でみんなに報告します。「今日の天気は雨のち晴れ、正午の気温は35℃、最高気温も35℃、最低気温は24℃、湿度は57%、雨量は雨量計の限度の62・3㎜で実際はもっと降ったと思います。気圧は997hPaでした。台風が来たため雨量が多くなりました。台風の後、晴れたので暑くなっています」(2019年9月9日)

みんな毎日の気象観測の報告を聞く中で、気温や湿度に対する自分の体感と報告されたものが少しずつつながるようになっていきます。

また3年生以上では、スケッチを入れた「きせつだより」を書いています。春になって、いろいろな草が生えてきて花をつけること、きれいだな、かわいいな、気に入ったなと思う草をスケッチします。草によって花や葉の形や色が違うこと、花が咲く時期には差があること、実をつけるようになること、カエルが出てきて卵を産むこと、オタマジャクシ、バッタやカマキ

小学生のきせつだより　11月15日　「サクラ」いろんな色がきれいだった。つぼみがとてもかたくて、なみもようだった。

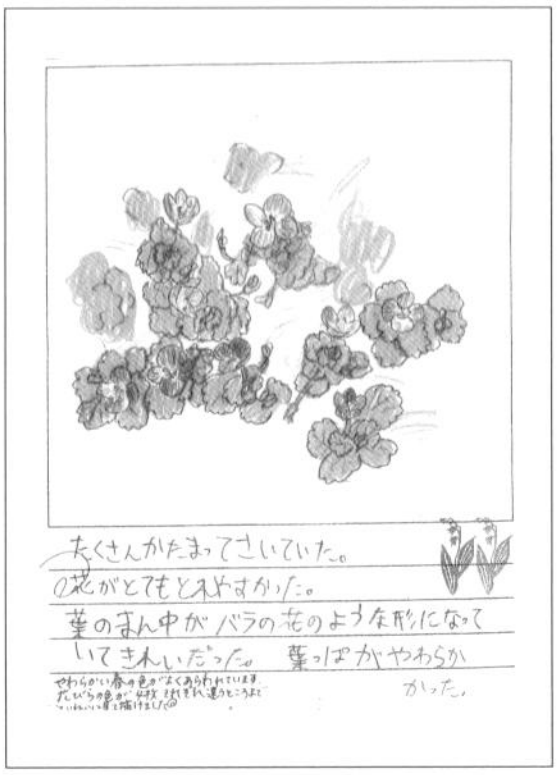

小学生のきせつだより　3月9日「オオイヌノフグリ」たくさんかたまってさいていた。花がとてもとれやすかった。葉の真ん中がバラの花のような形になっていてきれいだった。葉っぱはやわらかかった。

リがだんだん大きくなっていくこと、秋には、カマキリが卵を産むこと、葉や実が色づくこと、落葉すること、葉が腐ること、冬には池に氷がはること、氷は冷たいこと、霜柱の感触などを発見します。気候危機にしっかりと向き合い、それを考える素地は、小さい時のこんな経験によってつくられるのではないかと思います。

●二酸化炭素排出量の削減を考える

二酸化炭素の排出量を減らすために、学校で取り組めることを考えてみます。

世界では大量の二酸化炭素を排出する火力発電の代わりに、二酸化炭素を排出しない太陽光や風力などの再生可能エネルギーによる発電への転換が始まっています。

私たちの学校では、これまでの電力会社との契約を見直して、「再生可能エネルギーの割合が高い」「調達する発電所の内容が公開されていて環境に関わる懸念がないことが確認できる」の2点を重視して、それに積極的に取り組んでいる電力会社と契約をしました。

その後、大学部の学生と一緒に、自分たちが使う電力がどのように作られているかを知るために、群馬県川場村のバイオマス発電所を訪ねました。川場村はその88%が森林で占められていて、間伐材をチップにして燃やして発電をしています。発電所の担当者は「木材を砕いたウッドチップを1日1tぐらい燃やします。24時間稼働です」と説明をしてくれました。

燃やしたときに出る熱を利用したイチゴ栽培の温室も見学しました。コンセントの向こうで電気をつくっている人たちの顔が見える貴重な経験になりました。見学をした学生たちは、中学と高校の生徒たちに向けて、自分たちの見学の感想を交えて電気を大切に使うことを呼びかけました。

●輸送によって排出する二酸化炭素の削減

経済のグローバル化が進む中で、遠く外国で育てられた多くの食べ物が輸送費をかけて消費者に届けられています。輸送に使われているエネルギーの量を考えると、ここでも大量の二酸化炭素が排出されています。

3000㎡の実習圃場で大根を収穫する女子部の中学生たち

私たちの学校では幼稚園から大学部までそれぞれ自分たちの畑があって、そこでさまざまな作物を育てています。小学生は野菜や米作り、中高生以上は３０００㎡の実習圃場で野菜作り、男子部中学3年生は畑での生産以外に、養豚、養魚、果樹のグループに分かれて食糧生産を行っています。昼食で食べる食材も、地元産小麦を使ったうどんや、地元でとれたぶどうとブルーベリーで手作りジャムを作るなど、地産地消を大切にしています。

電気を消費するにも、野菜などの食材を買うにも、私たちが何かを買うときに大切にしたいことは、それをだれがどういう思いで作ったのか、その思いをよく知って使うことです。自然

生徒・学生が育てたヒノキ材を使って2017年に完成した「自由学園みらいかん」は、2018年度グッドデザイン賞を受賞した。未就園児保育や学童で活用されている

105㎜角・3m四方無節の柱をめざして、植林地内で一本梯子を使って枝打ちをする男子部の高校生たち

とのつながりや人とのつながりを大切にし、そのつながりを取り戻していくことが、二酸化炭素の排出を抑えることへとつながっていくのだと思います。

●二酸化炭素の吸収源を考える

大気中の二酸化炭素濃度の上昇を抑えるために、二酸化炭素を吸収して有機物として固定する働きをする森林を守り、育てていくことに目を向ける必要があります。

男子部（中・高）と女子部（中・高）では、それぞれ森づくりから木材利用までの「木の学び」をしてきました。今から70年前、男子部の高校生は飯能市上名栗の植林地11haにスギ苗2万本、ヒノキ苗4000本を植えつけました。それから今日まで生徒たちの手で木を育ててきています。地ごしらえ、植えつけ、下草刈り、枝打ち、間伐などどの作業も骨の折れる大変な作業です。

代々の先輩たちが育ててきたスギの木を使って、中学1年生は自分が教室で使う机と椅子を自作しています。材料は高校生が山から伐り出して校内の木工所の機械で製材をして準備します。学校林と木工所は、ともに持続可能な森林と資源の循環を認められた森林と加工施設に与えられる森林認証を取得しています。

女子部では机と椅子を新調するに当たり、高校生が新しい机椅子

鈴木康平（すずき・こうへい）
自由学園環境文化創造センター次長。

を考えるプロジェクトチームを立ち上げました。デザインや試作、材料となる木材の調達先の検討にも関わり、産地がはっきりした国産広葉樹の活用を決定。机の天板にはサクラ、ブナ、ナラなど14種類の広葉樹を使用することにしました。木材を伐り出した岐阜県郡上市の山に足を運び、産地から教室までのものづくりのプロセスを体感しました。山では自分たちの机をつくるために伐採された面積の広さを目の当たりにして、伐り出した山への新たな苗の植えつけを行う計画を立てて、植えつけ作業を始めています。

大学部では50年前から三重県紀北町の12haの植林地でヒノキの植えつけから始めて、森づくりをしてきました。また30年前からは毎夏ネパールでの植林活動を継続しバグマティ県カブレ地区のコミュニティフォレスト（項目㉗参照）づくりに協力しています。

２０１７年、生徒・学生が育てたヒノキを使った「自由学園みらいかん」（未就園児保育・アフタースクールで使用）が完成しました。代々の生徒・学生の夢がついに形になったのです。

気候危機と生物多様性危機の２つの危機を克服するためには、森林の役割がますます大事になると思います。

やってみよう！

・四季折々の生き物たちの様子を日記に記録しましょう（「ウグイスの声を聞いた」「ヒガンバナが咲き出した」など）。
・自分の家が契約している電力会社に電気を送っている発電所の発電の仕方を調べてみましょう。
・日本の森林がどのくらいあるか、また森林の現状について調べてみましょう。

30

NO！ 化石燃料を実現するためにお金の流れから変えよう

●気候危機と私たちのお金

みなさんが、物やサービスを受け取る対価として、お金を支払うことは「消費」と呼ばれますが、消費のほかにも、お金で相手を応援する方法があります。それは「投資」と呼ばれる経済活動です。

たとえば、再生可能エネルギーをつくる企業からエネルギーを「買うこと」（消費活動）以外にも、その企業の株を買って株主になることも企業を応援することになります。

また、銀行や金融機関が企業にお金を貸す「融資」も、広い意味では、お金によってその企業を支援することです。

●気候ダイベストメント運動は、数人の学生から始まった

投資とは逆に、ダイベストメントという行動もあります。「ダイベストメント（divestment）」は、「投資」を意味する「インベストメント（investment）」という英語の反対語で、「投（融）資撤退」などと訳されます。ダイベストメントの手法は、南アフリカ共和国の人種差別政策「アパルトヘイト」への抗議やタバコ産業への抗議など、気候運動に限らず有効な社会運動として行われてきた歴史があります。

化石燃料企業からお金を引き揚げることで、持続可能な社会をつくることを後押ししようとする「ダイベストメント運動」があります。アメリカペンシルベニア州スワスモア大学の学生たちは、大学が寄付基金の一部を化石燃料企業に投資していたことを突き止め、大学経営者に、化石燃料企業から投資を撤退してほしいと訴えました。

最初はたった数人の大学生から始まった運動ですが、またたくまに国や地域、業界を超えて広がりました。アメリカ大陸からヨーロッパ、そしてアジアへ、また大学などの教育施設、宗教組織、慈善財団などから、地方自治体、さらに金融業界にまで広がりを見せています。２０２０年５月時点で、化石燃料からのダイベストメントを表明している団体の資産総額は14・４兆米ドル（約１４００兆円）を超えています。

●日本の銀行、石炭火力発電の開発企業に世界トップの融資⁉

気候危機の原因とされる二酸化炭素の最大の排出源は石炭火力発電所ですが、パリ協定（項目⓯参照）の〈１・５℃目標〉を達成するためには、世界中で１基も新設できないといわれています。それだけでなく、先進国では２０３０年までに、そのほかの国でも

■図① 民間銀行の石炭火力開発企業への融資額ランキング
2017〜2019年９月

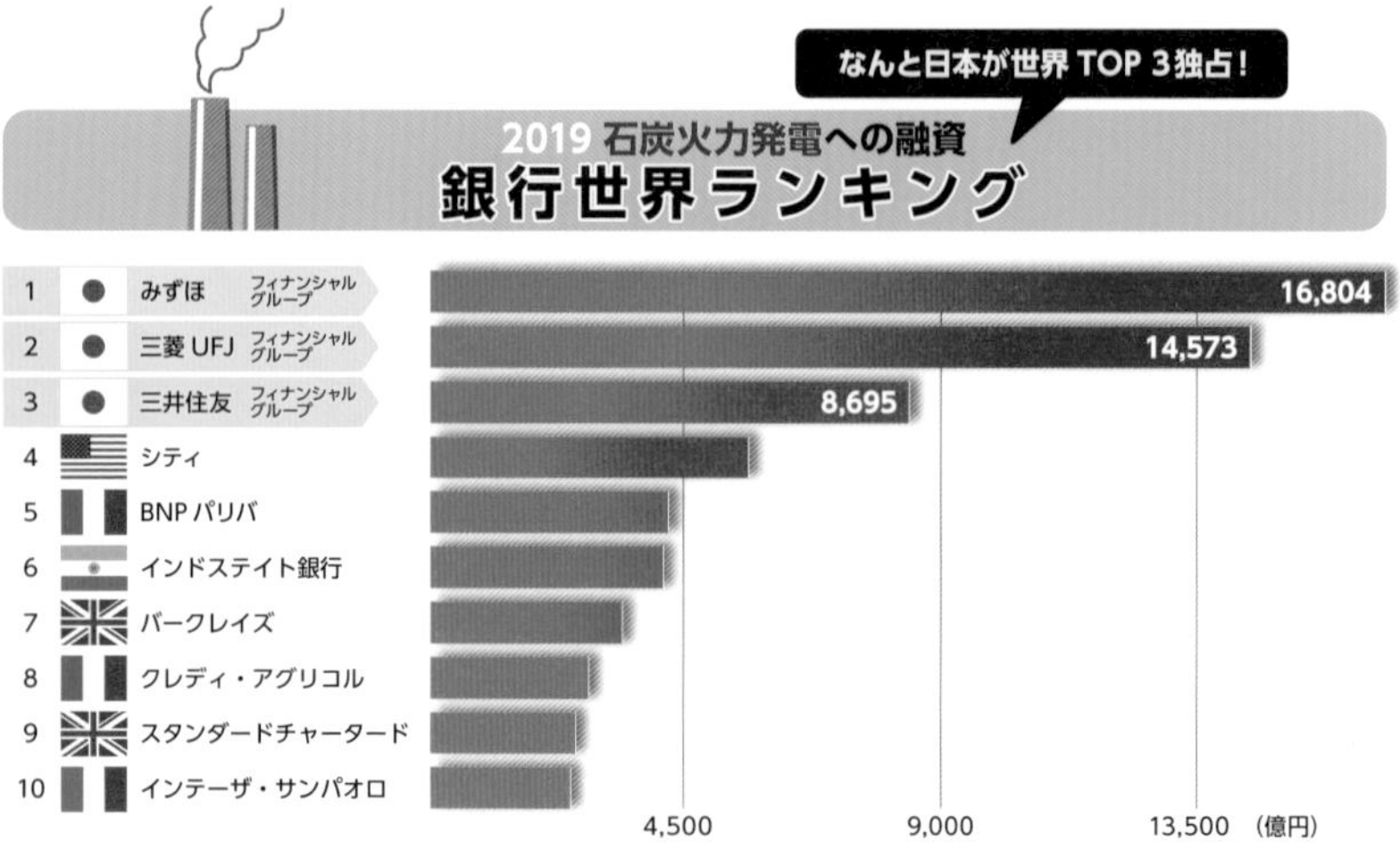
なんと日本が世界 TOP 3独占!
2019 石炭火力発電への融資
銀行世界ランキング
1 みずほ フィナンシャルグループ 16,804
2 三菱 UFJ フィナンシャルグループ 14,573
3 三井住友 フィナンシャルグループ 8,695
4 シティ
5 BNP パリバ
6 インドステイト銀行
7 バークレイズ
8 クレディ・アグリコル
9 スタンダードチャータード
10 インテーザ・サンパオロ
4,500
9,000
13,500 （億円）

２０４０年までに段階的にすべて廃止しなければならないとされています。このような目標を念頭において、世界の多くの投資家や金融機関が石炭火力発電や石炭関連ビジネスからダイベストメントをし始めています。

一方、ドイツの環境ＮＧＯが発表した報告書の中で、日本の大手民間銀行３行（メガバンク）が、石炭火力発電の開発企業への融資額の世界第１位から第３位までを占めていたことがわかりました（図①、☆１）。日本のメガバンクによる融資総額は、世界の民間銀行トップ30行による融資額の４割弱を占めています。つまり私たちがこれらの銀行に預けているお金も、回り回って気候危機の悪化を後押ししてしまいます。

●「レッツ・ダイベスト」キャンペーン

350.org Japanは、だれもが参加できるアクションの一つとして、「レッツ・ダイベスト」キャンペーンを展開しています。

「預け先の銀行が気候危機を加速するビジネスに資金提供を続ける場合、私・団体は地球に優しい預け先を選びます」と宣言するものです。私たちの「お金」を、気候危機

■図②　続可能なお金の流れをつくるダイベストメント

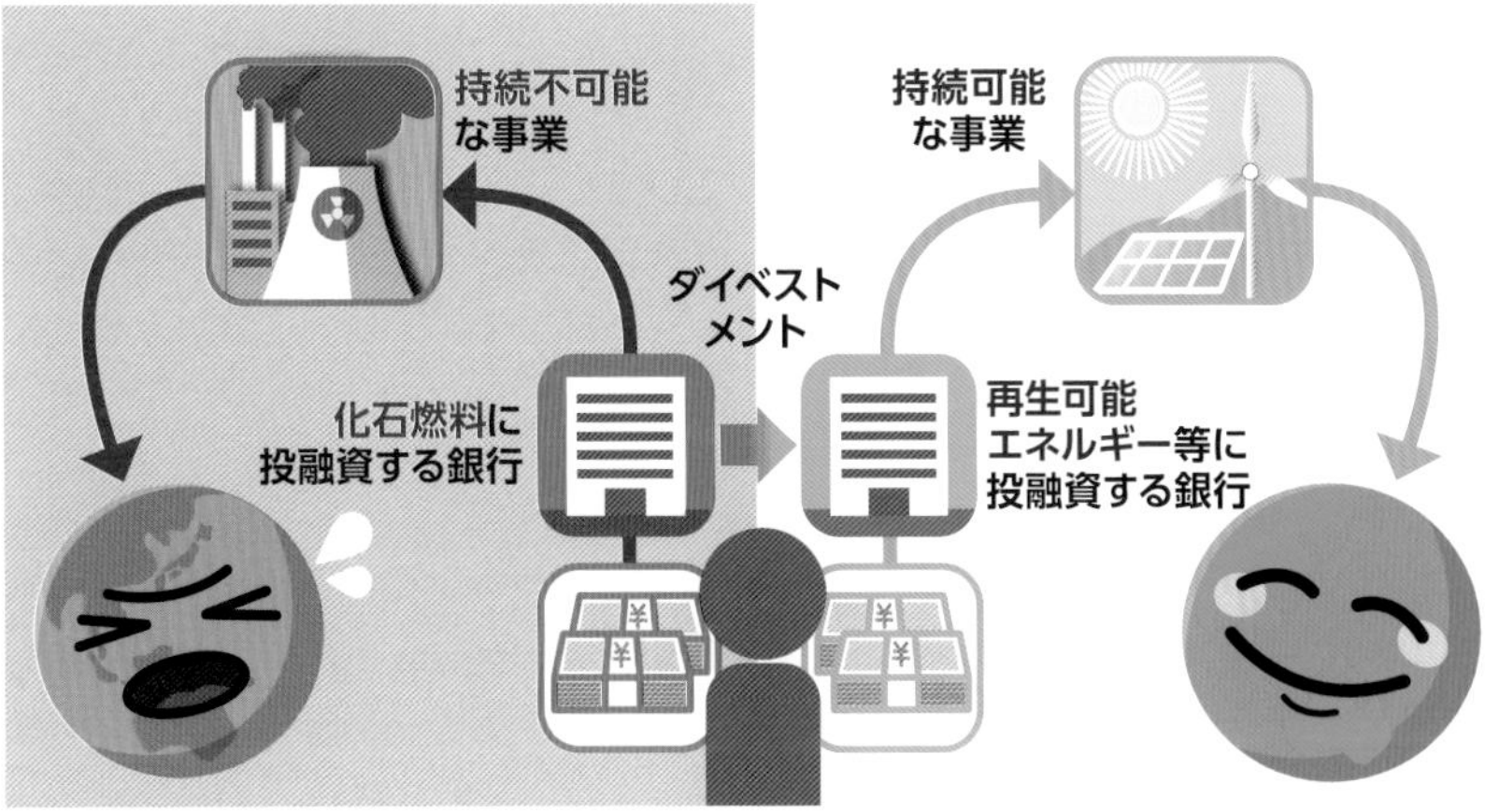
持続不可能
な事業
持続可能
な事業
ダイベスト
メント
化石燃料に
投融資する銀行
再生可能
エネルギー等に
投融資する銀行

を悪化するような事業ではなく、気候危機を解決に導くような事業に振り向けてほしいと意思表示を行うことで、銀行の投融資行動に変化をもたらすことを目的としています(図②)。

10代、20代を中心とした1000人以上が、すでに「ダイベストメント宣言」を行っています。キャンペーンでは、化石燃料ビジネスへの投融資が確認されなかった銀行のリストも公表しています(☆2)。

一人ひとりの声は小さくても、こうした声は確実に銀行に響いてきています。実際に銀行の方針が徐々に強化されてきているからです。2019年5月、三菱UFJフィナンシャルグループは「原則、新規石炭火力発電事業向けに融資を行わない」と発表しました。また、2020年4月には相次いでみずほフィナンシャルグループ、三井住友フィナンシャルグループが同様の方針を打ち出しました。

●今後の課題と私たち一人ひとりにできること

とはいえ、3メガバンクの融資方針は例外を設けています。3メガバンクは、2019年9月に発足した「国連責任銀行原則(PRB)」にも署名しています。このことで

「持続可能な開発目標（ＳＤＧｓ）およびパリ協定にビジネス戦略を整合させる」ことを約束したことになります。ただし、例外規定を適用して、新規石炭火力発電に融資を続けるとすれば、この約束に反することになってしまいます（☆3）。

　世界では日本の銀行よりもさらに厳しい脱石炭・脱化石燃料の方針を掲げる金融機関が増えています。日本の銀行は気候変動対策で世界から遅れをとっており、さらなる方針の強化が必要です。

　また、石炭火力発電の支援を行う公的金融機関の存在も見逃せません。公的金融機関は政府の政策を実施する機関ですから、政策の変更を求めることも重要です。日本は海外の石炭関連事業に年間52億ドル（約5200億円）もの公的資金を投じ、中国に次いで世界第2位となっています（☆4）。

ダイベストメントを呼びかける350.org Japanのサポーター

　気候変動という大きな問題を前に、一人ひとりができることは小さいと思うかもしれません。しかし、市民の力が合わさり大きくなったとき、国や金融機関の政策に大きな影響を及ぼすことができます。ヨーロッパの政府や金融機関の気候政策が日本と比べて進んでいるのも、市民が粘り強く声を上げてきたことが大きいのです。

　私たちも、自分が求める未来に向かって声を上げ、大きな変化を生み出す第一歩を踏み出してみませんか。

渡辺瑛莉（わたなべ・えり）
国際環境NGO 350. org日本支部シニアキャンペーナー。アメリカ・ニューヨークに本部があり、世界180カ国以上で活動。気候変動問題を市民の力で解決することをミッションに掲げ、とくにお金の流れに着目し、脱炭素・サステナブルな社会づくりに向けてファイナンスキャンペーンを展開中。

やってみよう！

・あなたや家族がお金を預けている銀行はどんな銀行か調べてみましょう。

☆1　https://world.350.org/ja/press-release/191205/
☆2　https://world.350.org/ja/lets-divest/
☆3　https://world.350.org/ja/press-release/191101/
☆4　https://www.odi.org/publications/11355-g20-coal-subsidies-tracking-government-support-fading-industry

Column 05

省エネの取り組み

私たち（エコプランふくい）は、これまで市民共同発電所を作って、太陽光発電の普及をすすめてきました。しかし、ソーラーを設置する場所を探すのが大変でした。あるとき、〈市民共同節電所〉という活動ができないかとひらめきました。

「節電所」とは、「ネガワット」の翻訳語。朴勝俊関西学院大学教授がエイモリー・ロビンスが提唱した、節約して余った電力を、発電したことと同等にみなす考え方を訳すときに使った言葉です。

私たちが取り組んだのは、省エネ機器への切り替えで節電をめざすことでした。家庭や事務所、店舗で使っている白熱電球やハロゲン電球のように消費電力の多い照明をLEDに切り替えれば、最大80%もの節電にもなります。商店街に声をかけ、アーケードや店舗の照明をLEDに切り替えると70%以上電力量を減らす「節電所」ができることがわかりました。

問題は、LEDに切り替える費用です。その費用を市民からの出資でまかなうのが「市民共同」の意味です。出資者に対しては、電気代が安くなった分で毎年返済金と配当金を支払います。

こうして2014年に、市民が支える「市民共同節電所」がスタートしました。アーケードと店舗の節電所は、ソーラーの発電所を建てるのと同じ費用で、7倍の電気を「生み出して」います。節電所は、エネルギー効率のよくなった冷蔵庫やエアコン、テレビ、給湯器でも作ることができます。

今、私たちは、アフリカ・タンザニアの非電化農村にソーラー発電所を市民共同で設置することをめざしています。そして、タンザニアでエネルギー消費を増やす分を福井で節電して、世界のエネルギー消費量を増やさない活動に取り組んでいます。福井で節電所を募集し、「節電所認定証」を発行する活動です。そこでわかったことは、まだまだ、家庭や会社で節電所を作ることができること、そして、家庭の場合、エアコンよりも照明の方が大きな節電所になることでした。一家に1つの節電所を作りましょう。

「市民共同節電所」福井市の商店街のアーケード

吉川守秋

よしかわ・もりあき
NPO法人エコプランふくい事務局長。
「ふくい市民共同発電所を作る会」「おおい町地域電力」などを設立

おすすめの本

『グレタ　たったひとりのストライキ』
マレーナ・エルンマン、グレタ・トゥーンベリ、スヴァンテ・トゥーンベリ、ベアタ・エルンマン著、羽根由訳、海と月社、2019年

『グレタとよくばりきょじん　たったひとりで立ちあがった女の子』
ゾーイ・タッカー作、ゾーイ・パーシコ絵、さくまゆみこ訳、フレーベル館、2020年

『グレタのねがい 地球をまもり未来に生きる』
ヴァレンティナ・キャメリニ著、杉田七重訳、増田ユリヤ解説、西村書店、2020年

『グレタと立ち上がろう 気候変動の世界を救うための18章』
ヴァレンティナ・ジャンネッラ著、マルネラ・マラッツィ（イラスト）、川野太郎訳、岩崎書店、2020年

『わたしと地球の約束　ぼくら地球市民3　セヴァンのわくわくエコライフ』
セヴァン・カリス・スズキ著、辻信一構成・訳、大月書店、2005年

『気候危機！　子どもたちが地球を救う』
堤江実著、功刀正行監修、汐文社、2020年

『気象ブックス026　ココが知りたい地球温暖化』
国立環境研究所地球環境研究センター編著、成山堂書店、2009年

『絵でわかる地球温暖化』
渡部雅浩著、講談社、2018年

『13歳からの環境問題　「気候正義」の声を上げ始めた若者たち』
志葉玲著、かもがわ出版、2020年

『温暖化で日本の海に何が起こるのか 水面下で変わりゆく海の生態系』
山本智之著、講談社、2020年

「IPBES生物多様性と生態系サービスに関する地球規模評価報告書　政策決定者向け要約」
（https://www.iges.or.jp/jp/pub/ipbes-global-assessment-spm-j/ja）、環境省、2020年

「国立公園等の保護区における気候変動への適応策検討の手引き」
（https://adaptation-platform.nies.go.jp/plan/pdf/moej_nationalpark_2019_tebiki.pdf）、環境省、2019年

『笑顔の国、ツバルで考えたこと　ほんとうの危機と幸せとは』
枝廣淳子、小林誠著、遠藤秀一写真、英治出版、2011年

『ツバル　海抜1メートルの島国、その自然とくらし』
遠藤秀一写真・文、国土社、2004年

『キリバスという国　Kiribati My Heart』
助安博之、ケンタロ・オノ著、エイト社、2009年

『島に住む人類　オセアニアの楽園創世記』
印東道子著、臨川書店、2017年

『パパラギ：はじめて文明を見た南海の酋長ツイアビの演説集』
エーリッヒ・ショイルマン著、岡崎照男訳、SBクリエイティブ、2009年

『地球に住めなくなる日「気候崩壊」の避けられない真実』
デイビッド・ウォレス・ウェルズ著、藤井留美訳、NHK出版、2020年

『小さな地球の大きな世界　プラネタリー・バウンダリーと持続可能な開発』
J・ロックストローム、M・クルム著、武内和彦、石井菜穂子監修、谷淳也、森秀行ほか訳、丸善出版、2018年

『平和ってなんだろう「軍隊をすてた国」コスタリカから考える』
足立力也著、岩波ジュニア新書、2009年

『一本の温度計』
菅原十一著、童心社、1991年

『異常気象と人類の選択』
江守正多著、角川SSC新書、2013年

『ゆっくりノートブック5　いよいよローカルの時代　ヘレナさんの「幸せの経済学」』
ヘレナ・ノーバーグ＝ホッジ著、辻信一著、大月書店、2009年

『ローカル・フューチャー　“しあわせの経済”の時代が来た』
ヘレナ・ノーバーグ＝ホッジ著、辻信一訳、ゆっくり堂、2017年

『気候変動の時代を生きる　持続可能な未来へ導く教育フロンティア』
永田佳之編著、山川出版社、2019年

『人類と気候の10万年史　過去に何が起きたのか、これから何が起こるのか』
中川毅著、講談社ブルーバックス、2017年

『地球温暖化　ほぼすべての質問に答えます！』
明日香壽川著、岩波ブックレット、2009年

『21世紀はどんな世界になるのか　国際情勢、科学技術、社会の「未来」を予測する』
眞淳平著、岩波ジュニア新書、2014年

『科学は未来をひらく　〈中学生からの大学講義〉3』
桐光学園・ちくまプリマー新書編集部編、ちくまプリマー新書、2015年

『SDGs　国連　世界の未来を変えるための17の目標 2030年までのゴール　改訂新版』
日能研教務部編、日能研、2020年

『SDGs先進都市フライブルク　市民主体の持続可能なまちづくり』
中口毅博、熊崎実佳著、学芸出版社、2019年

『フライブルクのまちづくり　ソーシャル・エコロジー住宅地ヴォーバン』
村上敦著、学芸出版社、2007年

『ドイツのコンパクトシティはなぜ成功するのか？　近距離移動が地方都市を活性化する』

村上敦著、学芸出版社、2017年

『はじめてのエシカル　人、自然、未来にやさしい暮らしかた』
末吉里花著、山川出版社、2016年

『図解エコハウス』
竹内昌義、森みわ著、エクスナレッジ、2012年

『レスポンシブル・カンパニー　パタゴニアが40年かけて学んだ企業の責任とは』
イヴォン・シュイナード、ヴィンセント・スタンリー著、井口耕二訳、ダイヤモンド社、2012年

『大量廃棄社会　アパレルとコンビニの不都合な真実』
仲村和代、藤田さつき著、光文社新書、2019年

『ネガワット　発想の転換から生まれる次世代エネルギー』
ペーター・ヘニッケ、ディーター・ザイフリート著、朴勝俊訳、省エネルギーセンター、2001年

『バナナと日本人　フィリピン農園と食卓のあいだ 』
鶴見良行著、岩波新書、1982年

『エビと日本人』
村井吉敬著、岩波新書、1988年

『次の時代を、先に生きる。まだ成長しなければ、ダメだと思っている君へ』
高坂勝著、ワニブックス、2016年

『カタツムリの知恵と脱成長　貧しさと豊かさについての変奏曲』
中野佳裕著、コモンズ、2017年

『誇りと抵抗　権力政治を葬る道のり』
　アルンダティ・ロイ著、加藤洋子訳、集英社新書、2004年

『これがすべてを変える　資本主義VS.気候変動』（上・下）
　ナオミ・クライン著、幾島幸子訳、荒井雅子訳、岩波書店、2017年

『人新世の「資本論」』
　斎藤幸平著、集英社新書、2020年

執筆者一覧（50音順）

鈴木康平（すずき・こうへい）
自由学園環境文化創造センター次長。

セリア・アルドリッジ
ディプティ・バタナーガー
FoEインターナショナルのジェンダージャスティスプログラム、気候正義・エネルギープログラムのコーディネーター。

武本匡弘（たけもと・まさひろ）
プロダイバー・環境活動家。NPO法人気候危機対策ネットワーク代表。

田中いずみ（たなか・いずみ）
2014年からデンマーク大使館上席商務官（エネルギー・環境担当）、東北大学環境科学研究科修士、カリフォルニア大学天然資源学部学士。

ダニエル・リビエイロ
モザンビーク・マプト出身。10代のころから環境問題に取り組み、ケープタウン大学修士課程で生態学を学ぶ。

中澤健一（なかざわ・けんいち）
「里山ぐるぐるスマイル農園」
(https://gurugurusmile.localinfo.jp/)

パタゴニア・インターナショナル・インク日本支社

廣田渚郎（ひろた・なぎお）
国立環境研究所地球システム領域主任研究員。2009年、東京大学大学院理学系研究科博士課程修了。専門は気候変動と雲・降水。

福田健治（ふくだ・けんじ）
弁護士。早稲田リーガルコモンズ法律事務所所属。日本弁護士連合会「気候変動プロジェクトチーム」の一員。

プラカシュ・マニ・シャーマ
ネパールの環境団体Pro Public（FoEネパール）代表。弁護士。環境正義、人権や社会正義をめざすアクティビスト。デリー大学（比較法学）、ルイス・アンド・クラークカレッジ（環境・資源法学）で法学修士取得。

マグスワリ・サンガラリンガム
SAM（Sahabat Alam Malaysia／FoEマレーシア）のメンバー。SAMは1977年に設立された非営利団体で、Friends of the Earthインターナショナルのメンバー団体。ペナンとサラワクにオフィスを持つ。自然と調和した平和で持続可能な社会をつくることを目標にしている。

青沼愛（あおぬま・あい）
Kamakura Sustainability Institute代表理事。アパレル企業を中心に、ソーシャル・オーディット（社会的責任監査）を国内外で行う。

明日香壽川（あすか・じゅせん）
東北大学東北アジア研究センター／環境科学研究科教授。専門は、環境エネルギー政策。

江守正多（えもり・せいた）
国立環境研究所地球システム領域副領域長。同研究所社会対話・協働推進オフィス代表。専門は地球温暖化の将来予測とリスク論。

甲斐沼美紀子（かいぬま・みきこ）
(公財)地球環境戦略研究機関の研究顧問。IPCC 第4次評価報告書、第5次評価報告書、1.5℃特別報告書の主執筆者。国連環境計画「地球環境概況第6次報告書」(GEO-6)の統括主執筆者。

カム・ウォーカー
FoEオーストラリアのキャンペーンコーディネーター。ビクトリア州中央部キャッスルメイン在住。ボランティア消防士。

亀山康子（かめやま・やすこ）
国立環境研究所社会システム領域領域長。国際関係論専門。気候変動に関する国際合意をテーマに研究。

河尻京子（かわじり・きょうこ）
1996年より気候変動問題に関わり、地球環境市民会議（CASA）、全国地球温暖化防止活動推進センター（JCCCA）、気候ネットワークで勤務。2007年に初めてツバルを訪問し、ツバルオーバービューの活動に参加するようになる。2019年よりツバル駐在も経験。2021年1月まで理事を務めた。

熊崎実佳（くまざき・みか）
環境分野の通訳兼ライター。2010年からフライブルク在住。

小出愛菜（こいで・あいな）
フライデーズ・フォー・フューチャーの活動家。立正大学4年生。

杉浦成人（すぎうら・なるひと）
2018年よりFoE Japanスタッフ。エラスムス大学ロッテルダム・社会科学大学院大学開発学農業・食品・環境分野専攻卒業。開発と環境、森林分野の課題に取り組んでいる。

編者代表

高橋英恵（たかはし・はなえ）
FoE Japanスタッフ。2018年より横須賀石炭火力発電所の建設中止を求める運動、気候正義に関する発信など、気候変動やエネルギーの課題に取り組む。

深草亜悠美（ふかくさ・あゆみ）
FoE Japanスタッフ。福島第一原発事故に衝撃を受け、2012年からFoE Japanでインターン。大学院卒業後、2016年よりスタッフとして気候変動・エネルギー問題、開発金融の課題に取り組む。

吉田明子（よしだ・あきこ）
FoE Japan理事。2007年よりスタッフ。2015年よりパワーシフト・キャンペーンを立ち上げ、消費者・市民によるエネルギーシフトを呼びかける。2011年に立ち上がったネットワーク「eシフト」の事務局もつとめる。

増井利彦（ますい・としひこ）
国立環境研究所社会システム領域室長。東京工業大学特定教授。IPCC第6次評価報告書第3作業部会の執筆者。

箕輪弥生（みのわ・やよい）
環境ライター・ジャーナリスト。NPO法人「そらべあ基金」理事。幅広く環境関連の記事や書籍の執筆、編集を行う。

桃井貴子（ももい・たかこ）
気候ネットワーク東京事務所長。気候変動・エネルギー政策に関する政策提言や市民啓発活動に取り組む。

森みわ（もり・みわ）
独バーデンビュルテンベルク州公認建築家。2010年に非営利型一般社団法人パッシブハウス・ジャパンを設立。国連環境計画日本協会理事。

柳井真結子（やない・まゆこ）
青年海外協力隊（環境教育）参加後、2006年から国際環境NGO FoEJapanの気候変動プログラムスタッフとなる。現在は、委託研究員として国内の開発問題や、インドネシアの海面上昇で浸水する沿岸コミュニティで気候変動適応対策の実践に取り組む。

山ノ下麻木乃（やまのした・まきの）
（公財）地球環境戦略研究機関主任研究員。国際的な森林に関する気候変動対策、途上国の地域住民の生活向上に寄与する森林保全対策の研究。

山野博哉（やまの・ひろや）
1999年より国立環境研究所に勤務。環境の変化に対するサンゴ礁の応答と保全策に関する研究。

吉川守秋（よしかわ・もりあき）
NPO法人エコプランふくい事務局長。「ふくい市民共同発電所を作る会」「おおい町地域電力」などを設立。

リディ・ナクピル
フィリピン出身。気候正義や南北格差、途上国の債務問題に取り組む。途上国のメンバーを中心とした気候正義のネットワーク（Asian People Movement in Debt and Development、DemandClimate Justice）などの国際コーディネーターなどを歴任。

渡辺瑛莉（わたなべ・えり）
国際環境NGO 350.org日本支部シニアキャンペーナー。アメリカ・ニューヨークに本部があり、世界180カ国以上で活動。気候変動問題を市民の力で解決することをミッションに掲げ、とくにお金の流れに着目し、脱炭素・サステナブルな社会づくりに向けてファイナンスキャンペーンを展開中。

■編著者
国際環境NGO FoE Japan
74か国にメンバー団体をもつFriends of the Earth Internationalの一員として、1980年から活動を開始。
日本の政府、企業、市民生活が関わって起きている環境・人権問題に対し、日本に住む私たちの力で解決しようと活動している。
現場を調査し、住民たちの声を聞き、広く発信し共感する人々とつながること、これを力にして共に声をあげることで、社会のしくみ自体を変えていくというアプローチを大切にしている。活動分野は、気候変動、原発・福島支援、森林生態系保全、途上国での大規模開発による環境・人権問題など。

団体ウェブサイト：https://www.foejapan.org
Twitter：@FoEJapan
インスタグラム：@foejapan
Facebook：@FoEJapan

装丁＋本文デザイン：後藤葉子（森デザイン室）
イラスト：大塚さやか
本文組版：大村晶子（合同出版制作室）

Special Thanks：（公財）緑の地球防衛基金「地球にやさしいカード」

気候変動から世界をまもる30の方法
わたしたちのクライメート・ジャスティス！

2021年1月15日　第1刷発行
2021年9月20日　第2刷発行

編　者　国際環境NGO FoE Japan
発行者　坂上美樹
発行所　合同出版株式会社
東京都小金井市関野町1-6-10
郵便番号　184-0001
電話　042(401)2930
振替　00180-9-65422
HP　https://www.godo-shuppan.co.jp/
印刷・製本　惠友印刷株式会社

■刊行図書リストを無料進呈いたします。
■落丁・乱丁の際はお取り換えいたします。

本書を無断で複写・転訳載することは、法律で認められている場合を除き、著作権及び出版社の権利の侵害になりますので、その場合にはあらかじめ小社宛てに許諾を求めてください。

ISBN978-4-7726-1445-0　NDC379　210×148
©国際環境NGO FoE Japan, 2021